畫說IoT

ILLUSTRATED SCIENCE & TECHNOLOGY

物聯網

郭策 著

書泉出版社 印行

以說文解字的意義來說，IoT（Internet of Things）物聯網就是指所有「物體」都透過「Internet」串聯起來，以達成某些目的。從人類的發展史來看，人與人的溝通多是透過文字、聲音、圖畫等方式來交換及傳承經驗。在網路蓬勃發展之後，更是如虎添翼，任君「一指千里」又「無遠弗屆」。

但物聯網的「物體」本身是不帶有情感的，不會哭也不會笑，為何需要連接上網或是分享溝通呢？就是老話一句「科技始終來自於人性」。人類總是會想出更好的方法來改善生活現狀，人類也因此而能進步，進而成為「萬物之靈」。物聯網的目的，就像是人類原始的思想一般，總是想要主宰著萬物。也期望透過更多更好的「工具」，來獲取更多的獵物。除了填飽肚子之外，生活也要越來越便利。

本書將從各個面向及應用來描述物聯網所帶來的便利性，以及未來的發展與變化。物聯網是近幾年來最流行的詞彙，想像空間「無限」。從經濟面來看，更是大家眼中的一隻金雞母。產業界、政治界、學界等無不舉辦各式大型研討會，或是籌組商業聯盟，蓄勢待發的等待「大爆發」的時刻到來。

想像一下，現今市面上可以用來「上網」的工具，不過2～3億台的數量，也就是全球人口的1/30擁有可用來上網的工具，其中包含電腦、平板、智慧手機等等。但若是所有電器設備都能上網，那是個什麼樣的世界呢？家中有兩台電腦，一般來說相當普遍。但家中的電器，冷氣加上電視少說也有個兩、三台，若再加上冰箱、微波爐、洗衣機、熱水器、電鍋、麵包機等等，隨便一算，兩隻手加腳趾都不夠算。當那一天來臨，這些再普通不過的電器通通連上了網路，其數量將可達現今上網設備的數十倍或百倍之譜。各家廠商無不看好這塊市場大餅而磨刀霍霍。

再者，電腦最讓人不喜的地方，就是在於使用者的便利性。一套文書編輯軟體隨著時代不斷演進，在「地表上最有錢的男人」操盤

之下，永遠有進步跟改版的需要。當筆者怎樣也找不著軟體裡的一個標點符號時，文思泉湧的我，如沐風雪瞬間急凍。下筆再有神也變成無言以對。物聯網的發展，絕不能步上電腦發展的歷程。不然有一天，冷氣機、電視機、音響的「失控」或是「藍畫面」，鐵定會讓您跟街坊鄰居一同擁有個「美好的夜晚」。

當然，人類終有一天會追趕上外星文明。上帝造人，人也可以造人。當所有物體都「上網」之後，《機械公敵》的電影情節，將會出現在你我的生活中。人類或許必須返璞歸真，或許就永遠回不去了。

目錄　　　CONTENTS

第三章 生活就是物聯網

第四章 工業用物聯網

第一章
物聯網的由來

畫 說 I o T 物 聯 網

1 物聯網的定義

物聯網的定義其實相當簡單，就是「萬物之間的Internet」。不管用任何的形式，只要能夠讓物體與物體（O2O，Object to Object）或機器與機器（M2M，Machine to Machine）之間相互溝通、傳遞資訊，或形成一套系統（System）來完成某件「工作」，都是屬於物聯網的範疇。其範圍相當廣泛且發生在你我生活之中，「物聯網」存在地球上你看得見或看不見的角落，等待你我發掘。

西元2000年後，互聯網（Internet）在蓬勃發展之下，每個人無不將「上網」當成時下最流行的名詞。在家上網、出外也上網，連上廁所都要上網。隨著十多年間的發展，甚至經歷網路泡沫的陰影之後，不可否認，網路已經完全改變了你我的生活。不會上網的人，通常都會被叫做「LKK」、「活化石」等；上網太多的人，又會被稱做「宅男」、「宅女」，現在甚至還有因這些族群發展而成的「宅經濟」。透過網路的便捷，人類發展與進化速度大幅提升。不需要偉大的中華五千年歷史或是馬雅金字塔來證明一切，只要從口袋裡掏出最新上市的「愛瘋」（iPhone）手機便可明白。

網路發展日新月異，從人與人之間的網路，慢慢的擴大到東西與東西之間的網路。物聯網的發展應運而生。透過定址（Address）、標籤（ID）、感測器（Sensor）、通訊（Communication）、軟體（Software）的結合。讓過往視為電影情節或是科幻小說才會出現的事，都變成真實世界你我每天接觸的事務。小至「掃地」這樣一件再平凡不過的事，都有掃地機器人代勞，它能自動連結插座充電，自己在家中四處奔跑清潔，還會自動繪製家中空間地形圖並記錄。在無線感測技術下，機器人、感測器、充電座、遙控器、衛星GPS，彼此溝通協調來完成打掃這件困擾著家庭主婦的「例行公事」。

物聯網的厲害之處就在這裡，未來的世界會變成如何，沒有人敢斷言。隨著想像力的無限擴張，將來人類可能不再需要工作了，一切都有機器代勞。只需要一個手持裝置或是一個腦波感應就搞定一切。十年後的我們，說不定可能會忘了如何穿鞋子、綁鞋帶。

西元1970年後，美國國防部通訊署制定了TCP/IP
的通訊協議，利用各種電線、電纜，接取裝置
的連結，用來解決戰爭時電子通訊的問題，因
而有了Internet的出現。

2 無聲的革命

「物聯網」在許多發明家與企業家的眼中，被視為一個未來的趨勢且商機無限。但對一般人來說感受並不強烈。事實上，人們早已不知不覺的融入其中，只是沒發現它的存在罷了。

早在數十年前開始，逢年過節返鄉，大伙急急忙忙的排隊買火車票，只為放假時，能夠準時踏上回家的路。在只有一條南北高速公路的年代，買不到火車票就只能想辦法搭巴士或是塞上七、八小時的車返鄉。高速公路旁傘花朵朵開，或是「路邊救火」的情景依稀還在你我的記憶中。到了現代，只要找到「螢幕」加上「網路」，不管身在何方，都可以輕鬆便利的購買車票。智慧手機沒電、電腦太重，到超商買杯咖啡，旁邊也有台「螢幕」讓您可以購買任何票券。

一個「螢幕」不具備任何意義，但加上網路，連結後端伺服主機、連結到各個售票公司，再連結到各展場演藝廳的座位預訂系統。這一切的動作就在彈指之間已然完成。類似這樣的概念無處不在，讓生活便利性大大提升。「秀才不出門，能知天下事」，老闆們不用再請祕書，學生們不用買一堆參考書，商人們每分鐘幾百萬上下，通通靠一個「螢幕」輕鬆搞定。

時差、距離、地點等等未來都不再會是問題。但是過於龐大的資訊量跟即時性，卻讓人們的思緒混亂與精神緊張。既不想跟不上時代，也不想喪失競爭力。因此，精神科診所總是人滿為患，夜晚看著手機失眠，半夜忽然醒來望著天花板發呆是很平常的事，看著通訊軟體出現「已讀不回」更是讓人不知所措。

現代人的累，已不是體力與身體上的累，而是精神上的累。小朋友怕輸在起跑點、年輕人怕競爭力不足、中年人怕失業、而老年人怕癡呆。無聲的「物聯網革命」已經悄然獲得勝利，但人類基本認知能力與心靈狀態卻禁不起衝擊而大大退化。忽然接到通電話，還會驚奇的問對方：「咦，怎不用LINE？」

無聲的革命

在數十年前，家中大多只有「單屏」，也就是一台電視機，也因此多了很多新名詞，像是「電視兒童」、「有線電視」之類。到了現在，電視風光不再，出現的則是「低頭族」、「網咖族」，螢幕也從過往的29吋、32吋CRT，發展到小至3.5吋、大到100吋的「多屏」（Multi-screen）世界，資訊的取得變得相當容易。

3 物聯網的優勢

　　在無聲的革命潛移默化之中，習慣了就不怪，會用了就不難。便利性的無敵吸引力讓人們無法抵擋，正可說「它聰明，你就傻瓜」。一件工作，若自己從頭做到尾，雖可獲得成就感並累積經驗，但會浪費大量寶貴的時間。請「機器」代勞是工業革命後最大的改變，人們開始使用大量的「工具」來簡化工作並縮短時間。

　　煮飯不需生火埋灶、出門不用八人大轎，連開燈關燈也只要拍拍手即可辦到。這些「工具」已經夠厲害了，幫助忙碌的現代人爭取到不少寶貴時間。但「工具」加上了「網路」，就像如虎添翼一般更是銳不可擋。在辦公室可以遙控家中的電鍋自動煮飯或是叫好外賣，開車前可以遙控啟動車輛並開好冷氣，抵達家門前，室內燈光自動開啟歡迎您回家。這種「智能化裝置」、「自動化」的設計，讓身為人類的「尊榮感」提升不少。

　　但物聯網就僅止於「自動化」與「網路化」而已？若能加上「雲端資料庫」，那就好似如虎添翼再背著噴射引擎了。零碎資訊對人們來說並不重要，像是每天花多少時間坐車、一個月用了幾包衛生紙，或是隔壁的歐巴桑瘦了一公斤等等。看似不重要的資訊，在長期記錄之下，這些累積下來的資料就是物聯網成功的關鍵。人類進化的原因，就是在發現某些「痛」與「不便」之後，才會動腦筋尋求解決辦法。透過資料的蒐集與分析，導入網路與自動化的工具，讓一件件惱人的事都可拋諸腦後。

　　在大量數據累積之下，就會知道人們花太多時間在排隊買票或購物。聰明的創業家就開發購物或票務網站來替您節省大量時間。因為對於健康的需求，人們可以透過穿戴式裝置，長時間記錄自己身體的資訊，來了解自己的身體好壞與否。因為氣候資訊的蒐集，人們開始重視地球生態被破壞的相關報導。許多被忽略的訊息可能都是無解課題的「突破點」。

　　人與人溝通，需要透過文字與語言；物與物的溝通，需要透過感測器（Sensor）與網路（Network）。人與物的溝通，則需要透過感測器、網路，加上螢幕（Terminal）來讓人們知道它們在做什麼。相較起來，人還是比較難溝通些。

物聯網應用範圍

感測器（Sensor）的發展，讓物聯網的應用愈加豐富，其為接收信號或刺激並反應的物件，能將待測物理量或化學量轉換成另一對應輸出的裝置。用於自動化控制、安防設備，也廣泛用於物聯網的應用。

7

4 物聯網造就了無趣的人生？

當科技不斷進步，一群不安或是跟不上潮流的人就會想要逃開現狀，尋覓返璞歸真的伊甸園。就像在古意盎然的寺廟裡，老住持焚香祝禱佛聲琅琅，那慈悲安詳的身影及肅穆的氛圍，讓進入廟裡參拜的人們不自覺的放低了音量。在遠處的藏經閣總是大門深鎖，讓人有著神祕的感覺，益發思古之幽情。搞不好，裡頭藏著某些厲害的武林秘笈或是修煉心法也說不定。

某次偶然出差的空檔，筆者造訪了杭州西湖畔的「雷峰寶塔」，心中憧憬白青雙蛇與書生的戀愛故事，以及那魔道交鋒、靈光四射的鬥法場景。走著走著，寶塔龐大的身影漸漸在我面前展開，出現在面前的卻是一座再熟悉不過的「電扶梯」，耳邊響起的是「請小心台階」，瞬間我的小白與小青化成一縷輕煙，飄散得無影無蹤，比法海的法術或是《星際戰警》（MIB）的記憶消除器還要厲害。

走在塔裡，無時無刻多角度的網路攝影機（IP Cam），隨時記錄筆者的面孔並進行臉部辨識。透過不間斷的錄影，一舉手一投足，完全攤在陽光下無所遁形。步入藏經閣後，感應電動門「叮咚」一聲自動開啟，並傳來一聲再親切不過的「歡迎光臨」（便利商店？）。我的雷夕照塔與千古情緣已然夢碎，不爭氣的流下兩行「男兒淚」。

物聯網的出現看似一切美好，但因為科技的進步，讓一些祕密不再是祕密，讓某些動心的時刻也消失無蹤。高度智慧化之下的生活，過多的資訊充斥在生活中，讓人沒了放鬆與驚喜的感覺，「小確幸」不再，生活豈不苦哉？

人類的天性就是這樣，好好的日子不過，偏偏要去尋找刺激。舒服的家不待，卻要去戶外露營餵蚊子。但是，許多俯拾皆是的美好事物是這些科技所無法取代的。您有多久沒有點過蠟燭？多久沒自己生火煮飯？多久沒跟三五好友到溪裡抓蝦撈魚？多久沒有拋開一切工作，陪家人喝茶談心？科技與人性並不是天平的兩端，沒有任何的高低對錯。可以享受暫時分離的清閒，也可以享受偶然相遇的花火。只有看官您要或不要、開不開心罷了。

隨處可見的「低頭族」

物聯網造就了無趣的人生。

數位監視器（IP Camera）是將傳統 CCTV閉路電視的類比訊號轉換為數位 訊號，透過網路系統來傳送，依畫素 （Pixel）與解析度（Resolution）來決 定影像品質，此外，某些還支援了PTZ （Pan-Tile-Zoom）的功能，可經攝影 機轉向與縮放。

5 工業發展的極致

物聯網的話題近日忽然變得相當火紅，起因是它從過往的工業應用逐漸轉化為商用、甚至是家用。這些在以前被稱為工業發展幕後黑手的生冷工業技術，轉而成為人人身上穿的或是家裡用的產品。人性化的設計考量下，冰冷的感覺不再，複雜難懂的資訊也透過簡易及方便的手機介面與Apps，連結著你我的生活。

日前看著電視播出許多舉著白布條上立法院抗議的場景，起因為ETC上線後，出現了許多失去工作的收費員。他們背後每個家庭的痛苦心酸難以用言語形容。身旁的朋友看到新聞後，不禁說：「要努力學習第二專長喔，不然以後一定會被機器所取代。」筆者一時興起，便隨口回了一句：「我自動化生意做得越好，就越多人要失業，你不要開心太早！」緊接著下一則新聞報導，說道「某企業董事長要以機器人大軍來取代百萬勞工」，頓時朋友們不禁面面相覷。尤其是在該企業上班的朋友，更是面露驚恐。這是工業革命後，許多人不得不面對的現實問題。

從古至今，士農工商的分工對人類的社會角色扮演相當重要，隨著電腦與網路的發展，機器取代了大量的人力，一間偌大的晶圓廠只需要百來人即可完成所有作業，一艘萬噸級的郵輪也只需要20名的船員，即可在海洋上暢行無阻。甚至在網路與通訊便捷的今日，一個人就可以成立公司來做國際貿易或是顧問服務。世界各國在失業問題上一直相當苦惱，失業數字曲線也將在數年內出現「死亡交叉」，不僅急速上升，而且幾乎呈現失控狀況。

物聯網發展到極致，網路購物、網上銀行、雲端政府、線上掃墓、網路婚姻等服務會持續進化。無人工廠、無人車站、無人商店、無人飛機、無人汽車、自動化農場、自動化牧場、自動化養殖場等，也會逐漸普遍。從此，人類不需透過聲音與人溝通，也不需看到對方的表情眼神。當人力全部被機械所取代，換來的不是幸福，而是日漸擴大的貧富差距、弱勢人們的眼淚以及反工業化革命。

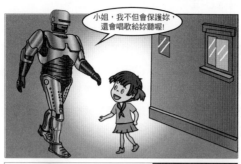

工業發展的極玫

國道電子收費系統ETC（Electronic Toll Collection），採用微波、紅外線或無線射頻辨識（RFID）系統，依據使用者付費的原則，用以取代人工收取國道通行費用，可加快車輛通行速度，並減少車輛油耗及環保。世界各國均大力推行於先進智慧交通系統之中（Intelligent Transportation System, ITS）。

6 掙扎在現代與傳統之間

物聯網要發展到極致，應該還要個十來年的光景，人類面對改變總是有相當好的自癒能力或是「健忘」的能力。物聯網雖能改變外在的環境，但卻不能改變人們的心智能力以及對於大自然的渴望。

「傳統」是人類文化的延續，或是某件對的或錯的事之「記憶」，就像是過年要吃團圓飯一樣，沒有人會覺得不妥。當生活便利性不斷提升之後，物聯網在傳統與現代之間該如何無縫整合，會是一個重大的課題。

全球知名的Google公司，近來完成了許多偉大的古蹟拍照記錄工作，並透過網路與全世界分享，讓世人可以更了解這些老祖宗的智慧結晶，就是一個相當成功的例子。從一台台的街景車到買下小型衛星公司，不斷的存儲大量圖資與記錄之下，光是民間的「大數據庫」，就足以勝過任何一個國家的軍事偵察能量，真是令人咋舌。

古人有言：「知識就是力量」，到了現代已經昇華為「資訊就是力量」。誰的資訊充足就可以掌握先機、克敵制勝。大量的資訊機器能夠消化或是換裝更大的硬碟，但人們卻消化太弱，甚至會產生「跟不上時代」的恐慌。

曾跟幾位好朋友聊天喝下午茶時，看著他手上的「LKK」手機，大伙不禁開始議論紛紛。在這個年代，人手一支智慧手機堪稱「標準配備」。若無手機，一整天都會魂不守舍坐立難安。但這位朋友的一句話，卻讓所有人不禁大為佩服。他說：「親朋好友間無法常常面對面談天說笑，已經相當可惜了，連講個電話都懶，那感情不就容易淡了」。

語言是無法被文字所取代的，他的堅持讓他依然能夠當一個Top Sales，完全不受時代演進的影響。但另一位Top Sales朋友可就不這麼認為，他透過通訊軟體同時與五大洲三大洋的客戶做生意，任何指令與交易都能在「Zero Delay」的情況下執行與產出，同時也省去高額國際電話費用。此外，有著文字的記錄及智慧手機上的行程提醒功能，就像隨身祕書一樣，不會遺漏一些待處理的瑣事。

傳統與現代，總是有著些許的掙扎與磨合，在合適的情境使用適合的方式來處理，就可以達到最佳的效果。雖說「舊愛還是最美」，但新歡還是人人愛，不是嗎？

發展物聯網七大關鍵技術分析

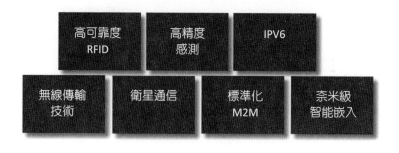

高可靠度 RFID	高精度 感測	IPV6
無線傳輸 技術	衛星通信	標準化 M2M	奈米級 智能嵌入

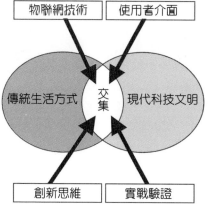

物聯網技術　使用者介面

傳統生活方式　交集　現代科技文明

創新思維　實戰驗證

現代與傳統之整合

Google公司的地圖產品（Google Map），為生活帶來了不少便利性，可安裝在人們最常隨身攜帶的行動裝置上，提供交通以及商業訊息，輕便且可隨時隨地獲取資訊，缺點為隱私與軍事國防等議題有待解決。

7

機器間的悄悄話

　　物聯網的發展神速，可以歸功於幾個世紀以來的努力與進化。第一次工業革命發生於18世紀末，煤與蒸汽機的使用，開始出現大量的機器（Machine）來代替傳統手工。第二次工業革命是以電力的應用、內燃機（傳統能源）、汽車或通訊方式的大幅進化為主。而第三次工業革命則是由再生能源和網路建設所構成。「物聯網」為第三次工業革命的重要一環，在網路的加持下，讓所有能源與工商業的運作又再次大幅進化。

　　人與人之間透過文字、聲音、圖像來傳達彼此的心意，那機器之間也會聯絡感情嗎？答案是肯定的。機器之間的確可以進行溝通，只是用的不是傳統文字，而是許許多多的網路「封包」（frame/packet）在物聯網上傳遞。每個封包都帶有一些特定的命令（Commend）或資訊（Information），讓許多的機器彼此協調運作並交換資訊。

　　在池塘邊，悠游自在的天鵝，看來相當悠哉，但是水面下的那一雙腳卻是忙個不停。人手一支的智慧手機，電話沒響時看似一點動靜也沒有，事實上它正無時無刻的透過封包的傳送，在與遠方的基地台（Access Point）主機溝通。例如GPS定位器，即會不斷尋找天上的衛星，來定位所在位置並連結相關程式。機器間的悄悄話，讓一些原本只懂得On「開電」或Off「關電」的機器，透過網路的連結與資訊的判別，來完成難度更高的組合式工作任務。好比「平平仄仄仄平平」用在詩詞上，「開開關關關開開」則是機器間譜出的美妙樂章。

　　此外，許多機器一起做一件事就稱作「系統」（System），像大家熟知的「電視廣播系統」、「氣象預報系統」、「電子商務系統」等等。現今世界上已經在運作的「系統」，都是物聯網的一部分。當機器跟機器溝通完之後，機器會透過一些相關的「介面」（Interface）來與人類溝通，稱作HMI（Human Machine Interface）。透過螢幕輸出、警報聲、LED閃光燈等方式，讓人類知道機器間的運作是否正常。如果系統運作上某些機器要孤僻不與其它機器合作，就是工程師出馬除錯（Debug）的時候了。

機器間的悄悄話

M2M是個使用相當廣泛的名詞。指的是機器與機器(Machine to Machine)間的資料交換,透過許多感測器(Sensor)做資料蒐集,再透過小型區域感測網路(Sensor Network)來傳遞資料。

8 感測器無所不在

　　冷氣機運作得正不正常，可以透過指示燈號與讀數（Number）來判斷，這些「讀數」（Numbers）就是透過感測器（sensor）來擷取的。一般常見的溫度計、壓力計、流量計、濕度計、雨量計等等，都是較為常用的感測器，用來抓取天氣的資訊以供人們參考。或是智慧手機裡的陀螺儀、加速度感測器、趨近感測器、環境光線感應器、指紋感應器等等，也因為這些多樣化的感測器讓手機應用千變萬化。這些「實用資訊」（Value Information）透過擷取之後，就成了我們的日常生活上的「最佳參考」。

　　我家隔壁的春嬌，每天都看著鏡子，煩惱著自己是不是又變胖了；春嬌家隔壁的志明，每天都煩惱著自己長不高，以後會娶不到老婆。當「不知道」這三個字出現在我們生活中時，煩惱自然緊接著來到。這時，只要一個體重計、體脂計或是身高計，就可以得到我們「需要」或是「不願面對」的資訊。甚至，想知道現在的心情是否緊張或放鬆，都可以透過腦波感測器來判斷，小女生們愛玩的「貓耳朵」，或是「波麗士大人」常用的「測謊器」，就是最好的解決方案。平地起高樓，有水平儀跟鉛直儀來幫忙，開車時的「倒車防碰雷達」跟「測速照相機偵測器」等等，也都是感測器的應用。

　　曾看過一個有趣的手機App軟體「拋高高」，玩法很簡單，將一支要價數萬元的智慧手機高高的往頭上拋接，透過速度計及高度計的資訊，來比賽大家的心臟夠不夠力或是口袋夠不夠深。看似瘋狂，但這也是個不錯的創意。目前世界上，叫得出名字的感測器約有數千種，叫不出名字的或許已經應用在太空梭或是外星人研究上，想知道甚麼資訊其實很簡單，把感測器裝上去即可。

　　感測器可以協助我們了解許多想要的訊息，透過螢幕或讀數讓我們了解。但資訊的有效傳遞，靠的就是網路技術的加持，再多、再完整的資訊，若無法在有效時間內傳達到，也是枉然。

各式各樣的感測器

圖片來源:Sick Sensor

感測器又稱為「傳感器」,可以是物理裝置或是生物器官,能夠用來探測、感受外界的信號、物理狀態,如光、熱、溫度、濕度、液位,或化學組成等等,並將探知的信息傳遞給其他裝置或生物器官。

9 萬物皆上網、想像無限

　　感測器的資訊透過網路傳遞，讓物體本身的狀態能夠傳遞給其他物體或人類，是一個重要的發明。一般人對網路的印象，不外乎上網查資料、聊天、看影片、玩電玩等「休閒娛樂」，或是上網連結網路銀行、訂票等等。但早在一般人使用的網路之外，「物體」（object）使用網路來傳遞資訊早已相當普遍。

　　電視直播的足球賽是透過衛星網路來傳送畫面、微波爐透過微波（Microwave）網路來加熱食物、遙控器則是透過紅外線（IR）網路來控制電器等等。事實上，各式各樣的物體只要配合適當的感測器（Sensor）以及適當的網路技術（Network Technology），就可以替人類解決不少麻煩的事或是取得想要的資訊。但是這都僅止於單機且單向操作，物聯網厲害的地方就是必須要做到是雙向通訊且多機整合運作。

　　一台電腦，只能玩單機電玩。兩台以上的電腦透過網路的資訊交換，就可以連線對戰，讓許多不認識的陌生人一起加入虛擬的世界做朋友。除了電腦，許多電子產品都可以連上網路了，像是平板、手機、電視、衛星導航機、手錶等等。未來您所看到的或摸到的每樣東西，都即將連上網路系統。

　　一個檯燈，用手機就可遙控開啟，一個馬桶，除了自動洗屁屁的功能外，還能記錄您每日是否「出清存貨」或是尿液酸鹼度有無異常變化。一台電風扇、一個大樓對講機、一個門鎖，都可以連上網被您所控制，甚至可以自動彼此連結連動。像是當戶外日照太強，室內能自動啟動風扇排風系統，同時窗簾可自動關閉，減少陽光的熱力進到室內。

　　一條牛仔褲，可以偵測腰圍跟體脂肪；一件衣服，可以量測心跳、血壓、排汗量還可加熱；一頂帽子，可以提供散熱或吹風功能、偵測腦波，還可以監控髮量及控油指數。智慧尿布，可以偵測潮濕；智慧背包可以協助登山者量測重量、飲水、衛星定位，發射求救訊號，還有智慧戒指、智慧眼鏡、智慧筆、智慧冰箱等，加了「智慧」就想像無限，人類的創意可說是永無止境。

各式物聯網感測器裝置

生理訊號量測

晶片藏在布料上

智慧搖控模組

圖片來源：2014年5月號《數位時代》觀微科技

智慧生活產業是一個新興的產業，智慧生活是「網路」演進必然朝向的一個發展趨勢。而智慧生活之四大核心要素為「即時」、「享受」、「簡便」、「美好」；以「新4C匯流」的全新概念，全面連結電腦（Computer）、通訊（Communication）、消費性電子（Consumer Electronics）、內容（Content）等電子產品與資訊，近年政府規劃了台灣應發展智慧生活科技運用的方向，期望藉由智慧生活科技的運用，提升民眾生活品質，同時開發相關的軟硬體產品與創新應用，以提升台灣資通訊技術（ICT, Information & Communication Technology）產業與服務業之附加價值。

10 網路安全刻不容緩

當萬物皆能上網之後，將有更多資訊會被截取出來，但對人們來說不見得每個資訊都很重要。像是台灣年均溫十年來上升了兩度，或是政府預算數年來共凍結了20億，也許都比不上某某大明星的體重或是總統先生一年內去了幾次醫院來得重要。隨著網路20多年來的發展，資訊的取得跟分享變得相當容易，相對來說，資料外洩的機率也大增不少。以往銀行、政府、軍方等單位尤其重視網路安全，因為有心人士若取得這些機密資料，將會對國家安全或金融秩序造成巨大影響。

到了現代，「個資法」的出現可謂是一大創舉。其適用對象包括自然人（一般老百姓）、法人（企業組織）或其他任何3人以上的團體。對公司企業而言，如果洩漏消費者的個資或是商業機密遭盜，後果將會不堪設想或導致公司倒閉。物聯網的發展快速加上即時性的優點，讓更多的個人資訊或是商業資訊，都是透過網路來傳遞，也取代了過往的紙張與電話系統，如何加強安全性是一大課題。

近來上街抗議遊行的民眾只要透過手機通訊軟體，一瞬間就可以號召數萬人上街頭，其準確又快速散布的特性，讓政府單位傷透腦筋。當然，要透過網路從遠端取得個人手機資訊或是連結上各式穿戴裝置也是相當容易。在網路駭客（Hacker）的眼中，所有人的祕密一瞬間都變得像是赤裸在太陽下般「唾手可得」，手機資料遭竊比起過往電腦遭駭客入侵，更讓一般老百姓驚恐。「加密」（Encryption）的重要性不言可喻。基本上，只要透過不同的加密演算法，將「我愛你，你愛我嗎？」變成「我x愛x你x，x你x愛x我x嗎x？」就可以讓資訊在加密的狀況下傳遞出去。就像汽車多鎖幾道鎖後，偷兒在困難性大增之下，就會減低入侵的意願。

防毒防駭，從過去的電腦防毒軟體及防火牆，到了現在的手機安全鎖、手機平板防毒軟體，或是家長電視鎖等等，持續發展成更安全的技術，才能讓社會大眾更能接受物聯網出現在你我生活之中。近來引起軒然大波的iCloud導致好萊塢明星們春光外洩事件，足證其惡。

網路安全刻不容緩

常用的加密演算法，如DES演算法為密碼體制中的「對稱密碼體制」，又被稱為美國數據加密標準，是1972年美國IBM公司研製出來的加密演算法，此後3DES或最新的AES進階加密標準（Advanced Encryption Standard）等，已被廣泛應用於金融網路系統之中。

11 雲端運算：三個臭皮匠勝過一個諸葛亮

「超級電腦」（Super Computer），在過去被視為一個科技領先的指標，有了超級電腦後，不但可以算得出太陽系還有沒有躲起來的「特異軌道行星」，也可以算出許多年後地球被彗星K到的機率。這樣的科技，讓人類對未知事物的了解越來越豐富。但身為平民老百姓，能用到超級電腦的機率可說是微乎其微。

二十多年前，聰明的電腦工程師想出一個絕妙的解決方法。一個腦袋不夠聰明，那100個腦袋想出來的東西就應該不簡單了吧，他透過了網路的連結，讓100台運算速度不快的個人電腦，分工運算同一個程式。沒想到效果出奇的好。「三個臭皮匠勝過一個諸葛亮」，在電腦運算上得到了一個最好的詮釋，這也是近代多核心處理器的「原始設計」（Prototype）。

分工處理也就是分散風險，一艘軍艦上，最重要的就是中央電腦，掌管著雷達、武器、動力系統以及航行的資料等等。如果戰鬥時中央電腦受到攻擊而損壞了，軍艦將立即喪失所有戰力，成為動彈不得的活靶船。或是在華爾街金融中心，每天大型電腦處理著所有投資人的訂單跟金融資料，「電腦當機」對生意人來說就像被原子彈轟炸一般，慘不忍睹。美國高盛銀行的一次電腦當機事件，造成了數億美元的損失。

分散式應用及網路傳送至遠端的方式，讓近代的「雲端運算」發展一日千里。過往的電腦應用，都是透過鍵盤滑鼠及螢幕上的訊息，來得知運算結果。單機作業就像是自己一個人獨舞，甚是無趣。隨著網路頻寬的提升，複雜的運算可以直接讓遠端具備專業運算能力的「高階伺服器」（Server）代勞，使用者所使用的電腦或手持式裝置也就不需要無限制的提升其運算能力。在可預見的未來，一張紙、一面牆、或是你我的臉上，都可以被用來當成「終端機」（Terminal），輸出雲端運算後得到的訊息。

雲端運算的整合應用

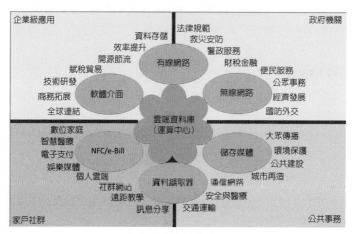

雲端運算的整合應用

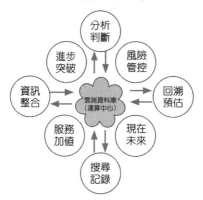

雲端運算的目標

所謂「雲端」，其實就是泛指「網路」的意思，工程師在繪製示意圖時，常以一朵雲來代表「網路」。因此，「雲端運算」用白話文講，就是「透過網路遠端運算」。舉凡運用網路溝通多台電腦的運算工作，或是透過網路連線取得由遠端主機提供的服務等，都可以算是一種「雲端運算」。

12 「Big Data」大數據來了

「Big Data」這個名詞是在2012年後才開始流行起來的新鮮事。人類的資料存儲設備從十數年前的1.44 Mb、3.5吋磁碟片,硬碟機不過區區40Mb,到現在隨處是8Gb、64Gb隨身碟,科技的進步與時代交替之快,令人咋舌。

現在市面上大容量儲存裝置滿街都是,便宜到非得做成炸蝦或是壽司的樣子來吸引目光,不然還真賣不出去。就像是人類的知識累積,正以數十甚至百倍的速度在前進,有著TB級的硬碟機或磁碟陣列技術,人類對於記錄與儲存資訊的渴望之火又再度熊熊燃起。

凡走過必留下痕跡,做過的事、走過的路、說過的話,這些點點滴滴的「資訊」,或是再平凡不過的每個「剎那」,在精準地時間軸記錄下,都變成了「永恆」。「Big Data」所要儲存的資料,正是這些看似無趣乏味的資訊。這些看來沒有用處的資料,經過長時間的不斷累積,經過分析解讀之後出現的結果,往往令人震驚。

舉例來說,小明的家離學校很近,每天他都走同一條路去上學,從來也不會去理會他走路上學所花的時間。若是透過資料庫將每天所花的時間做個儲存,數年後再來分析數據便會發現,隨著年齡的增加,相同的距離所花的時間卻越來越短。或許您會問,怎麼可能呢?距離並未變化,但時間卻縮短了?透過「大數據」的分析會發現,小明一天一天的在長高,走路時,兩腿前進的跨距隨著腿長的增加,也在增加。相同的距離之下,花的時間自然而然變少了。但是,沒有透過這麼長時間的記錄跟儲存,是不容易發現這種細微變化的。

同樣的,小至便利商店的來客量或蔬菜水果的基因改良,甚至經年累月的記錄冰山漂移、氣候變遷或是星體變動等等,都是在「Big Data」的發展下得到長足的進步。可想而知,在未來,人們出生到死亡、一輩子發生的大小事,都能夠在資料庫獲得完整的記錄,在未來,人人都是主角。

「Big Data」經常應用的範疇，如判定研究或產品品質、避免或防堵疾病擴散、維安或打擊犯罪、記錄交通改善動線等，對現今的工商業應用相當有幫助。

13 電腦不止會挑「土豆」，還可以挑老婆

曾有朋友問我，像我這樣其貌不揚，如何娶到我那如花似玉的老婆大人。我笑著回答說「電腦選的」，朋友對我的回答無不譁然。在這人群漸趨冷漠的時代裡，在網路尋找真愛是一件相當不可思議的事。從互聯網（Internet）開始發展之後，「恐龍傳說」或許嚇跑了一缸子在網路上尋找真愛的曠男怨女，但沒有人會對「搜尋」這件事有所疑慮與停滯。對網路一族來說，在「方框框」裡填字後再按「放大鏡」，這真是再熟悉不過的事了，只是「師父領進門，修行看個人」，巧妙的搜尋技巧能輕易達到「秀才不出門，能知天下事」的功效，宅男們其實也是很忙的，只是和他人的形態不同罷了。

當「雲端」結合「網路」已然成形，跟人們的生活緊密結合，網路及雲端資料庫所能帶來的便利性，是十年前大家所不能想像的。您有多久沒看手錶了、多久沒把惱人的鬧鐘按掉、有多久沒有抬頭看看天氣了呢？這些記錄都可以透過「搜尋」網路及雲端得知，甚至藉由「Big Data」的資料蒐集，您也可以知道隔壁的老王幾天沒回家，或他大概何時會回家。

現在的資訊比起過往是以千百倍的數量在增加中，每個人每天所接收到的資訊，除了放在自己腦子裡之外，在網路及雲端的世界都已為您詳加記載。曾經筆者試著搜尋自己的中英文名字，跑出來的除了自己過往演講事蹟跟寫過的文章之外，居然出現我大學時打工的青澀照片，讓我又驚又喜。

善用雲端系統來留下自己的點滴，就可以透過自己的「古」，鑑自己的「今」，結合自己的思考判斷，修正自己的錯誤並精進。自己留下過什麼、做過些什麼，總會是有跡可循的。如果是未來想成為公眾人物的讀者，更是要留心自己所PO過的照片、影片，甚至是一些文字等等，以免將來被有心人士所利用，成為他人攻訐或是茶餘飯後的話題。

「搜尋」自己之不足

圖片來源：Google

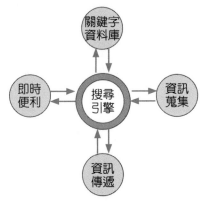

搜尋引擎的功用

「搜尋引擎」是網路使用普及後，網路系統商
所提供，可以自動從網際網路蒐集訊息，經過
一定整理後，提供使用者進行查詢資訊的系
統。搜尋引擎工具，就像是替使用者繪製清楚
的訊息地圖，供使用者隨時查閱。

14 「人聯網」的時代來了
（Internet of People, IoP）

「物聯網」（Internet of Things）出現後，人類利用各式新技術，讓機器之間能夠對話與連動。但東西畢竟是東西，沒有感情、沒有生命，更不會掉眼淚。因此，產業界推出了另一個新名詞，叫「人聯網」「Internet of People（IoP）」。

「IoP」這個用語，本是指可對應網路的各種個人電子產品，例如行動電話或平板等設備、加上相關網路與服務。舉凡穿戴的配件或是手持的裝置，只要是直接與人體接觸的，就屬於「人聯網」的範疇。當然人類本身並不是一部機器，所有感測器也是針對「生物特徵」（Biological Feature）或是「生物反饋數值」（Biofeedback Numbers）來進行抓取的動作。

想知道自己的身高體重指數BMI（Body Mass Index），人們除了看鏡子「猜測」之外，也可以透過資訊的截取來掌控自己的身材是否走樣。人類打從出了娘胎之後，總是會對自己的外貌或是身體數值特別感到好奇，不論是胖了或瘦了、頭髮變少了、視力變差了、痘痘變多了、還是血壓又高了等等，這是天性使然。

以登山為例，山友們對背包重量以及內容物總是要「斤斤計較」，若帶錯東西或是遺漏了什麼，總是會讓人頭痛不已。過往的登山客，總會帶齊求生用品或生火煮飯的器具。一路上享受著自己的心跳聲並與大自然對話，在登頂的美好時刻，舉杯慶祝並享受那天地滄海的感動。現在的登山客，求生用品不一定備得齊，反倒是多了很多電子產品在身上，GPS追蹤器、導航手機、平板、無線電、單眼相機等，身上也會掛著心律血壓計、高度計及空氣含氧量計等。上山後，無時無刻將自己所在位置以及身體狀況做量測並記錄，估算行走距離及時間，或是消耗的卡路里。攻頂後，免不了第一件事就是「打卡」，跟所有親朋好友炫耀一番才滿足。

在「人聯網」的時代，孤獨寂寞的人，絕對不會允許自己跟世界有斷線（Off Line）的機會，就像在餐廳吃飯點餐前，總免不了問一句「有Wi-Fi嗎？」

所謂生物反饋數據（Biofeedback Numbers），常見的如Respiration（呼吸）、Temperature（體溫）、Electromyography（肌電圖）、Electro Dermal Activity（皮電活動）、Heart Rate（心率）、Electroencephalograph（腦波）等等。

15 人類進化論

羅斯威爾事件（Roswell UFO Incident）之後，外星人的話題總是相當火紅。不管是地球被外星人占領，最後莫名其妙的人類反敗為勝，還是外星人帥到一個不像話跑來地球誘拐良家婦女等電影。人類的科技日新月異，有朝一日，好奇心強的人類肯定會飛出銀河系，對未知的領域進行實際的「搜索」（Search），並與更寬廣的宇宙進行網路連結（Link）。下一個將會出現的名詞，或許是「Internet of Planet」或「Internet of Universe」也說不定呢。

在物聯網、人聯網的發展到了一定境界的時刻，「人劍合一」、「人物合一」、「人神合一」就會出現在你我的生活中，而不只是在古代神話或是科幻電影中了。

想像一下，現在大家在使用的「螢幕」，從古早只有「一屏」（電視機），到現在的「十一屏」，一大堆的螢幕在未來都不再需要了。所有資訊都可以直接呈現在我們的視網膜（Retina）上。

此外，所有電子產品或電腦也不再需要。因為，在未來，我們腦袋中樞會植入一片晶片，相當於一台微型電腦含網路功能，所有的訊息溝通都可以透過腦波來傳遞。屆時，我們的耳朵跟嘴巴變得不是那樣重要，只剩下眼睛需要進行蒐集資訊的動作。如此一來，你我都可以變成電影裡的主角。但不是帥氣的阿湯哥，也不是肌肉男阿諾，而是ET的地球表親。

從古自今，人類不斷的進化，文明不斷的演進，當生物與機器可以無縫整合（Integration）時，人類會有怎樣的改變，誰也說不定。但可以確定的是，Google眼鏡之後，會出現Google「隱形」眼鏡；智慧手機以後會出現人體「植入式」手機；智慧汽車以後會變成人體汽車（變型金鋼？）。

達爾文（Darwin）的進化論（Theory of Evolution）可以在我們這一代再次得到新的定義，物競天擇之下，改變的趨勢必不可擋，只有接受它、了解它、善用它，然後你我就習慣它了，就像筆者教母親使用智慧手機的過程一般，在辛苦淚水之後，終將歡欣收割。

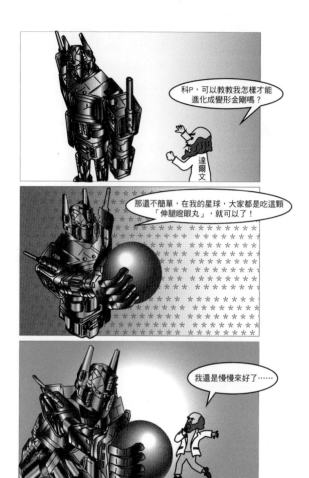

達爾文的進化論（Theory of Evolution），其代表著演變的意思，用來解釋生物在世代與世代之間具有變異現象的一套理論，從原始簡單的生物，進化成複雜有智慧的物種，至今依然為進化理論的主流。

達爾文進化論

1.背景：

在文藝復興及思想啟蒙之後，現代科學的理性思維已經建立起來。達爾文的時代是十九世紀中後期，正是提倡科學的前一階段，在思想和理性上，為達爾文創立自然選擇進化論提供了思想依據。而青年時的遠遊，則為他積累了大量的實際根據，引發了他關於物種進化的思考並最終形成一個完整的體系。

2.要點：

達爾文認為，生物之間存在著生存鬥爭，適應者生存下來，不適者則被淘汰，這就是自然的選擇。生物正是通過遺傳、變異和自然選擇，從低級到高級，從簡單到複雜，種類由少到多地進化著、發展著。

3.影響：

進化論是人類歷史上第二次重大的科學突破，第一次的突破是日心說取代地心說，否定了人類位於宇宙中心的自大情結；第二次就是進化論，把人類拉到了與普通生物同樣的層面，所有的地球生物，都與人類有了或遠或近的血緣關係，徹底打破了人類自高自大，一神之下，眾生之上的愚昧式自尊。

4.爭論：

爭論來自兩方面：一方面是科學界的內部爭論，另一方面則是科學界以外的宗教爭論。

在科學界內部，沒有進化論是否成立的爭論和質疑，進化的事實早已確鑿無疑地證明了進化論的成立，但是，在具體的進化形式和原因上，依然爭議不斷，如漸變與突變的爭議、人類進化歷程的爭議等。

宗教與科學的爭論，是民眾感受最強烈的部分，也是爭論最有影響力的領域。因為一般民眾對於專業的生物學知識認識不多，因此，宗教人士慣於攻擊生物學和進化論，把進化論描述為非科學的、蠻橫的、可笑的、無證據的或者是捏造的理論。

（資料來源：教育雲，教育大市集）

第二章
物聯網的技術與進化

畫 說 I o T 物 聯 網

16 網路的運作原理

網路是一個21世紀重大的發明，讓「分享」這件事達到極致化。從最早使用的電話系統，到現在網網互聯的「互聯網」（Internet），工程師們基於不同的需求而開發不同的網路技術。像是ADSL/VDSL非同步傳輸技術、簡易便利的乙太網路技術、SDH/MPLS、ATM、Wi-Fi、Radio等等。

在使用上，網路無法將大量的資料進行直接傳送或是「瞬間移動」，其透過的方式是將大的檔案或資料，切割成千萬個小封包（Packet）加以傳送，丟資料的一方跟收資料的一方各自計算數量。就像是算花生米一般，幾個就是幾個錯不得，還得檢查是否有錯誤發生跟排列的前後順序。就像在電影《星際迷航記》（Star Trek）裡，人或物體可以透過傳輸的方式，將分子分離後，到另一個地方再組合起來，資料的傳送即是如此，若是傳送後順序不對，導致鼻子長在眼睛上，那可就不有趣了。

一個700Mb的電影、一份5Mb的文件等等，透過切割成封包，再透過不同的媒介（Media）來傳送。這些各式的網路協議（Protocol），大致上都依據著國際化標準組織的開放式通訊系統互連參考模型（OSI 7 Layer, Open Systems Interconnection model）來定義。從實體的介質到定址、傳輸等等。依據不同的網路服務方式，這些協定能定義各自的功能及使用規範等細部規則。

由具體到抽象的網路傳輸方式層次來看，分別為實體層、資料連結層、網路層、傳輸層、會議層、展示層及應用層。這樣的協議，除讓大家在網路世界裡有個共通的遊戲規則之外，網路設備中的軟硬體，即使有了些改變，也不會影響到其他已開發完成實用的部分。舉例來說，當您使用有線網路或是無線Wi-Fi網路時，常使用的電子郵件（E-Mail）軟體或平台，並不需要做任何的更動；或是使用網路溝通的兩個人，網路分層的規則，也讓兩人在茫茫網海之中能夠輕易的尋找到對方。

在物聯網的世界，任何一種網路技術都是可以被應用的，端看使用的目的跟應用來加以選擇，物聯網的發展也因而千變萬化、樂趣橫生。

網路的運作原理

網際網路（Internet），又稱互聯網，是網路與網路之間串聯而成的龐大網路，這些網路以一組通用的協定相連，形成邏輯上的單一巨大國際網絡，是目前世界上最廣為使用的網路系統。

17 「廣域」與「終端」設備連結網路

　　網路及不同協議的使用，依應用的不同而有所選擇，在物聯網的世界裡，想必有很多的「物體」（Object）散布在各處，等待著被網路串聯起來。使用的技術當然也可以因地制宜，在高山上的氣象站就是一個很大的「物體」，必須透過網路的傳送，才能把氣象資料傳送到氣象局做統整與分析。但這是屬於遠距離大範圍的應用，常常得使用到現有的2G/3G網路，才能有這樣廣大的收訊與覆蓋範圍。

　　這樣的應用常出現在飛行導航、環境與氣象，或是國土防災等應用。使用電信公司已佈建好的網路系統來傳遞資料，則是一個相當好的選擇，但其使用成本較高，每個月跟大家常用的手機一樣，必須乖乖的照表付費，想跑都跑不掉。

　　此外，有些崇山峻嶺若連信號都沒有的話，那該怎麼辦呢？在那些地方，網路連結規劃會變得更不容易，這時一個你我常用的科技就派上用場了，那就是看球賽轉播時使用的「衛星通訊」（Satellite Communication），透過外太空的通信衛星來當中繼站，其涵蓋範圍更廣，傳輸頻寬也更充足。但缺點如同2G/3G一般，費用可是高得嚇人。

　　谷歌公司曾提出一個網路結合「空飄氣球」（Balloon）的想法，那是一次大戰時期（World War One）常用的技術。其想法是在空飄氣球上加裝基地台設備，在高空上可以加大網路覆蓋範圍。看似聰明，但就像當時氣球的功能一樣，滿天飛來飛去的客機都得跟它們玩躲貓貓或是踩氣球遊戲了。此外，透過居高臨下之勢，地表的一切透過高解析度攝影機，看得一清二楚。誰家的陽台掛了幾件衣服、哪條路上塞車、哪棵樹上停了隻小鳥，無所遁形；因此個人隱私、國防安全等都是一大隱憂。

　　大範圍的廣域通信，是必要的建設，但用途的限定，也是必要的。就像是一個國家的幸福指數般，並不是國家越先進富有，幸福指數就越高。相反的，資訊越缺乏的國家，人民反而沒那麼多煩惱。

2G/3G與衛星通信

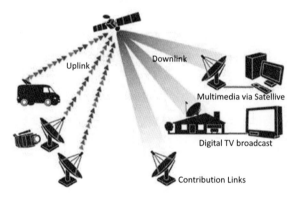

Uplink

Downlink

Multimedia via Satellive

Digital TV broadcast

Contribution Links

衛星轉播就是把衛星當成中繼站來進行資料傳輸，
電視台先在現場裝好具有微波傳送能力的攝影設
備，其傳送信號至電視台，電視台再把訊號傳送到
外太空的人造衛星，該衛星把信號打到另一個收視
端上空的衛星，再下送到收視端的電視台，然後把
信號打到一般電視台，如此一來，觀眾就可以看到
越洋的即時衛星電視轉播了。

18 範圍大、速度快，2G/3G/4G/5G

　　廣域網路一般來說稱為WAN（Wide Area Network），從過往的2G/GSM電信網路，到現在的3G上網、4G LTE/WiMax等，都是為了服務大範圍的用戶以及長距離的通訊而出現的新興技術，使用者對於速度與收訊品質永遠都沒有妥協的空間，連線慢了或是信號差了，抱怨也就隨之而來。

　　網路的速度跟CPU進化的速度一樣，是一場永無止境的奮鬥。4G普及化的時代，高頻寬所帶來的好處，讓許多過去認為辦不到的事情，都變成再平凡不過的常識（Common Sense），甚至5G的超高速網路系統都已在開發中，而且最快能在西元2020年就普及至一般民眾，頻寬預計可以達到10Gbs之譜。

　　隨著影音多媒體的盛行，人們不僅要講電話、傳訊息，更希望看影片查資料能夠隨傳隨到，彈指間決勝於千里之外。在2G的時代，人們「有事電話講，沒事講電話」。到了3G時代，有事傳訊息，沒事還是傳訊息。到了4G時代，有事傳影像畫面，沒事看別人留下的影片。若到達5G的時代，我想，應該會變成「有事快快做，沒事找事做」的世界。此後，做的比說的還要快，人類思考或言語的速度，漸漸跟不上電腦與雲端運算的速度。最後，乾脆不思考了，讓電腦與網路主宰著一切。

　　此外，除了速度，收訊範圍也是一個重點。目前這些廣域網路技術，都是使用蜂巢式結構網路（Cellular Network）的概念來運作。其概念就是把一個大範圍的空間切割成許多小小的格子，每個格子都有一個BS（Basic Station）來負責做通訊的轉接橋樑。因為每個BS服務的客戶數有限，使用這樣的方式，可以讓資源得到妥善運用且服務更多客戶（Client）。屆時，滿山遍野、大街小巷都是基地台跟天線，相信大家應該會嚇到睡不著。在台灣這片小小的土地上，2G時代放了2,000座基地台，3G時代又增2,000座，而4G後又有5G……。「台北的天空」看似平靜，但其中無線電波的交火正越演越烈，一發而不可收拾。

蜂巢式結構網路（Cellular Network）

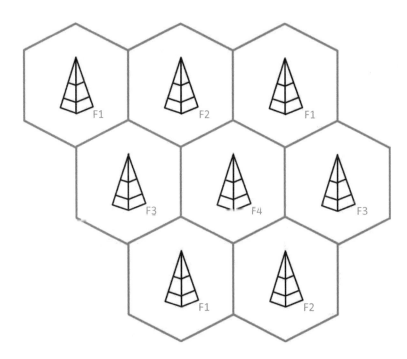

蜂巢式通訊系統（Cellular Communication）是將一個較大的區塊分為數個較小區塊，每個區塊稱為一個區格（Cell），每個格子擁有不一樣的編號，使該格內的無線通訊能與不同格的通訊共用同一種頻率而不會互相干擾，也能達到服務較多客戶（Client）的目的。

19 「近端」設備連結網路

　　除了廣域連網方式，在局端連網技術發展也是相當火熱。隨著智慧居家、綠建築、樓宇自動化的發展，「近端」接入網路（Edge Network）也由有線發展至無線。傳統的串列通信（Serial）與電線（Hard Wire）連接依然大量存在，常用的技術，如RS232、RS485、Ethernet以及最近流行的NPLC/BPLC（Power Line Carrier）電力線技術等。

　　這些相對老舊的技術，有著便宜簡單的優點，所以在一些侷限空間（Limited Space）使用上，仍有其便利性。如同家中的偵煙器、防火警報器、灑水系統等，在危險發生時，能夠直接控制與使用，人們對其信心度還是比較高。曾有一位朋友問我，防洪閘門可否使用無線網路來控制？這樣的防災或排水系統，通常是在天候不佳或是颱風天才啓用，在惡劣的天候裡，無線網路會被雨水落雷干擾或是因異物阻隔而影響通信品質。為了保險起見，使用牢靠的有線網路系統還是比較妥當。

　　然而，在不危及人命或是輔助系統上，無線網路省卻拉線的麻煩，又增加了使用彈性，反而是較佳的選擇，像是一些移動感測器、IP攝影機、電錶、水錶或是開關門鎖等，增加了無線通訊可以達到備援以及可移動式的優點（Portable）。常用的技術如Zigbee、Z-Wave、Low Power Wi-Fi、Bluetooth等等，透過這些短距離、低功耗的無線技術，將侷限空間內的感測器或發報器透過無線控制器或閘道器（Gateway）進行資料蒐集，再送往後端或雲端資料庫來分析及儲存，亦可從雲端再送往使用者的手機或是電腦上，達到警告的功能。

　　同樣的概念，不僅使用於居家或樓宇，在工業應用上亦是相當的重要。常見的工廠內防災或是污染防治，現場儀表的資訊蒐集，或是工作人員的安全監控等等，都可以透過局端無線網路接入技術來達成。此外，在交通、電力、醫療等應用，都可以使用上述這類通訊技術。如果厭惡滿桌的電線以及風水中的「蛇煞」，那麼就改用無線網路吧。

「近端」設備連結網路

在無線傳感器網絡（WSN）領域中，ZigBee、Z-Wave、Low Power Wi-Fi 的競爭相當激烈，ZigBee基於IEEE 802.15.4標準，市場接受度較高，能同時適用在工控自動化、醫療、安防等多種領域。Z-Wave應用較侷限於家庭自動化，Wi-Fi則是用途廣泛，反而有易被干擾或是安全性上的問題。

20 接入網路

不論是廣域的或是局域的「設備端」（Device Network）網路技術，都是用來傳送終端的設備（Device）或感測器（Sensor）截取出來的資訊，但這些繁雜且格式不一的初步資訊（Raw Data），都必須送往後端的資料中心分析，才有意義。所以在局端的網路技術之後，就必須有接入端的網路技術來加以統整，並繼續向後端傳送。一般來說，常見的技術有如xDSL、VDSL、Cable modem、乙太網路、Fiber Optic等。

古人言：「江河不擇細流，故能成其大」，網路的概念亦是如此。許多資訊透過較小的傳輸頻寬，慢慢蒐集到較大的頻寬流裡。在設備終端用到的頻寬不過就區區數Kbps到數百Kbps。但到了接入網路，得使用Mbps以上才行。接著潺潺網路春水繼續向東流，就會使用到100Mb、Giga、Tera等更大的頻寬流。但隨著終端設備的演進，各式終端設備的出現，也讓頻寬的需求變得永無止境。尤其是影像資料需求的頻寬，是一般設備的數千倍，一支百萬畫素（Mega Pixel）的攝影機就需要接近5Mbps的頻寬才夠用，要是多裝幾支，網路設備的檔次就要再往上提升。

一部車的設計與製造，總是在實用與美觀之間做妥協。想法與實際常常無法兩全，網路設計也在頻寬使用與系統優化上，讓系統整合商傷透腦筋。想當然耳，花大錢能解決所有的事，但「比剛好夠用再多一點」，才是最好的選擇。接入網路恰巧扮演著這樣重要的角色。網路之河，河道太寬為浪費，河道太窄則氾濫成災。要是所有資料都塞車，誰都討不到好處。

江河之大難以細數，只有透過完善的網管系統（Network Management），才能將每條河流的流量看仔細，同時，若需要確保網路上的大大小小設備都運作正常，這就是最高指導原則了。曾有朋友問我，為什麼駭客（Hacker）總是攻擊資料主機，而不會去攻擊網路設備呢？這好比唐三藏前去西方取經，你說，是經書重要呢？還是取經之路修得平不平、蜘蛛精長得漂不漂亮重要呢？

網管軟體與網路交換器

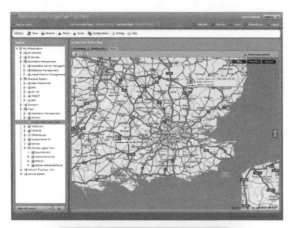

接入網路

家中常用的ADSL，是一種非同步傳輸模式（ATM）。上傳與下載的速度並不相同。在電信服務提供商端，需要將每條開通ADSL業務的電話線路連接在數位用戶線路訪問多路復器（DSLAM）上。而在用戶端，用戶需要使用一個ADSL終端數據機（Modem），來連接電話線路。

21 中央機房

資料的傳遞，就像投手與捕手一般，一個投一個接。投手暴投了，捕手就忙翻了，甚至讓對手輕鬆得分。一般來說，球場上勝負關鍵總是從一個小失誤就決定了。從前端的感測網路到接入網路，最後這些大小河流都敵不過地心引力而流入汪洋大海。這汪洋大海，就是本章要提到的「中央機房」（Data Center）。

四面八方湧入的資訊，匯集到中央機房之後，會加以「儲存」（Storage）以及「分析運算」（Analysis），儲存下來是為了「長時間記錄」（Long-tern Record）的目的。片段且不完整的資料，總讓管理者難以判斷前因後果或是看到其發展的「趨勢」（Trend），因而需要較長時間的記錄與存儲。儲存過後的資訊，一般稱為「原始資料」（Raw Data），這些資訊伴隨著其記錄的「時間點」（Time Slot），無法輕易直接的判讀，必須透過分析運算之後，轉換成易懂的資訊，或是辨別差異及特殊事件等等。這樣的資訊，便可以做為之後改善各種應用或是知識升級之參考。

當然，中央機房所在的位置，已是距離使用者千里之外的陌生地方，所以也才會有「遠端存取」或「雲端運算」等名詞的出現。經常使用的「雲端硬碟」，就是讓我們把資料放在遠端的伺服主機內，無論透過任何網路連結方式，都可以輕易的存取資料。也就是說，目前使用的各種電腦、手機、平板裝置等，未來都不需要無限增加效能與儲存空間，只要連上強大的遠端機房就可以通通辦到了。

但在使用者之外，永遠有進步與改善空間的就是網路的「速度」與「頻寬」。從終端點的類神經或細胞感測網路，到未來的5G無線通信或5000Gbps超級光纖網路骨幹，隨著時間演進，終究會不斷的進化。而中央機房的處理速度，也必須進化到足以負荷這樣的「巨量資料」（Big Data）才行。

一個中央機房的規模，可以跟足球場一樣大，其用電量將超過台北101大樓，甚至是一個小鎮的用電量。像這樣的超級大怪獸，將會如雨後春筍般出現在你我的身旁，陪著人們進入下一個世紀。

中央機房

原始資料也稱做「第一手資料」，是指所使用的信息未經整理簡化，原始資料通常需要研究人員透過科學方法加以分析後輸出成報表，或繪製圖表以供他人閱讀或是使用。

45

22　一顆電池用一年

在許多的電影裡，超級英雄們每天忙碌地解救地球，除了超能力之外，需要超高級的裝備來保護自己。在《鋼鐵人》（Iron Man）電影裡，帥氣的主角穿著密不透風的全身高科技盔甲，其動力來源是一具微縮型核子反應器（Micro Nuclear Power Generator），這樣的技術對所有人來說，都是一個心嚮往之的夢想。

如果哪天，所有汽車、飛機、船舶不再需要加油，所有火力發電廠都可以關門大吉，恢復乾淨的天空與涼爽的地球，我們就再也不用為環境與科技發展之間互相拉扯對立了。想想，若是電影裡的男主角老是因為手機沒電急著找插座，那可就沒那麼帥氣了。

電源技術在感測網路的發展上，扮演著相當重要角色，一旦沒了電，困擾立刻出現。現代化的公車，插座更是不可或缺的「夢幻逸品」，當插座無處尋，「電池」就變得相當重要。在物聯網的應用裡，電池技術亦影響重大。各位手中的智慧手機或是許多物聯網裝置上，都有著各式各樣的感測器。工程師們無不處心積慮的節省耗電量。或是透過一些軟體功能，讓這些感測器可以待機或切換至休眠狀態，以節省電池的耗電量。

在一些智慧家電裡，像是燈光、冷氣或是防盜安防系統，許多感測器都是安裝在伸手難及的地方，避免遭受有心人士或是小朋友的破壞。這樣的裝置未來會滿布我們的生活周遭，一顆小小的電池裝在感測器裡，若是撐不了一年的時間，恐怕許多人對物聯網科技都會望之卻步。就像是家中的燈泡一般，若得有事沒事就爬上爬下更換，那鐵定會搞瘋一群婆婆媽媽。

電池技術不僅要能夠輕薄短小，還得擁有高續航力，多元的充電方式之外，還得兼顧環保及回收再利用等。太陽能電池、氫燃料電池、動能電池等，都有相當大的發展與改良空間，甚至在未來「人聯網」的時代，你我的身體上，也都得裝上顆電池。或許您不相信，但它即將發生。

各式電池與軟體監控技術

一顆電池用一年

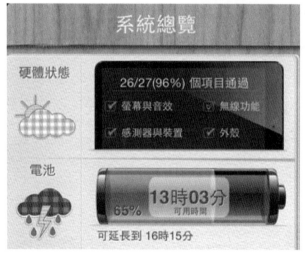

系統總覽

硬體狀態　26/27(96%) 個項目通過
☑ 螢幕與音效　☑ 無線功能
☑ 感測器與裝置　☑ 外殼

電池　13時03分
65%　可用時間
可延長到 16時15分

電池是可以將本身儲存的化學能轉成電能的裝置，常見的電池多有儲存及轉換還原的能力，但現今有些特殊的「電池」，如燃料電池、太陽能電池等，雖只有產電卻無法儲存或回復，但皆以電池為名。

23 小還要更小

007電影裡，帥氣的特務人員總是有些很厲害的專屬特殊裝備，像是可以講電話的皮鞋、鋼筆炸彈，還有小到不能再小的衛星發報器，將它們帶在身上，總是能夠把平凡的巷弄變成火光四射的戰場。小型化的需求，從古至今永無止境。物聯網的應用，在穿戴裝置的蓬勃發展之下，小型化是一個相當重要的訴求。輕薄短小，才能省電、省空間，穿在身上或戴在手上才不會覺得笨重與阻礙。

在醫療用途裡，內視鏡是一個重大的發明，透過一根細長的管子，將攝影機放入食道甚至胃裡，來看看有無異常之處。在未來，機器人的發明會逐漸縮小到如綠豆大，甚或細胞一般的大小。這樣的機器人透過網路的遙控方式，可以慢慢的「航行」到身體中的器官，或是大腦之中。醫師們可以透過機器人身上的攝影機傳出的影像，來進行微型手術或是清除一些壞細胞。甚至未來會把這樣的工作交給一些玩家級的「電玩高手」，讓它們來駕馭這個小型機器人，進行一場體內的「射擊遊戲」，都是有可能的。

除醫療用途外，在未來物聯網的世界，小東西的「大幫忙」將會日漸普及。研究白海豚的人士，在海豚身上掛上衛星定位及生物特性接收器，讓生態保育可以透過動物們的幫忙，來進行資料蒐集。曾經紅極一時的「黃色小鴨」，在載運的貨輪翻覆後，認真不懈的「游泳」於大洋之間。這群可愛的小鴨們，就在無心插柳下成了專家研究洋流的絕佳參考，這些都是小型化物件所帶來的大貢獻。

各式的膠囊內視鏡

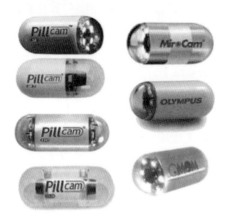

圖片來源：PillCam®

黃色小鴨的奇幻漂流

透過不同方式進入人體內的醫療器材
稱為內視鏡，隨著時代演進，有許多
的應用都使用到類似的技術來完成，
像是汽車檢修、設備維護、航太船舶
等等，透過攝影機的鏡頭，可以到達
人類到不了、碰不著的地方。

小還要更小

24 控制的欲望（Everything in Control）

賽車，是一種相當刺激且燒錢的運動。像是象徵高科技的F1賽車，所有高科技的設備都會用來提升車輛的穩定與操控性。每部賽車上都有著許許多多的感測器，用來協助車用電腦控制車輛。工程師們當然也能夠將診斷電腦連接到車上，了解車子的狀態與數據。傳統的儀表板已不再重要，如同Tesla電動車上，一塊大型觸控面板就能搞定一切，曾幾何時已變成一種先進的象徵。

家中的遙控器，少說也有好幾個，如冷氣的、電視的、音響的等等。在一些高檔的飯店或汽車旅館裡，遙控器更有如變魔術一般，幾乎沒有什麼東西是控制不了的，不論是傳統的紅外線或微波技術，只要能動動手指或是講講話，一切東西都在掌控之中。在物聯網這個名詞出現前，這世界對控制的慾望早已行之有年。最好是有個虛擬祕書可以收藏在智慧手錶中，像是古老傳說中「田螺姑娘」一般，隨時可以透過「聲控」或是「自動」來替人們做一些麻煩的瑣事。

蘋果公司（Apple）的「Siri」系統，或許還搞不懂人類的七情六慾，對著她講情話或是下指令，有時她的反應會令人啼笑皆非。然而，未來發展會是如何，誰也難以說得定。「控制」這件事，若有了情感因素成分，在人們掌控資訊資源之外，或許是另一個無限的想像空間。

在可見的未來，天上飛的、地上爬的，只要裝上感測器配合無線遙控器，都可以依據人們的需求來驅使操控。例如埃及金字塔，一直以來蒙著神祕的面紗，死亡詛咒不斷地蔓延，讓人們難以一窺其堂奧。到了現代，透過一部遙控小車，可以在金字塔的密道中爬進爬出上上下下，在狹窄的空間裡，不用擔心呼吸不到空氣或是被惡靈詛咒附身；又或是闔家大小出遠門旅行，總是會擔心家中遭小偷，透過遠端監控家中的狀況或是連結警察系統，可以讓人無後顧之憂。「可控」（Controlable）總是比「不預期」（Unprediable）來得讓人們心安，這也是物聯網的一大要素。

機器節省了大量人力

蘋果公司Siri語音助理

圖片來源：Apple

金字塔漫遊者機器人

圖片來源：iRobot

遙控，是一種遠端控制技術，最早是透過紅外線（IR）的方式來控制電器，到了現代，藍牙（Bluetooth）技術出現之後，更多的遙控應用慢慢出現，但傳統的紅外線方式有其簡單便宜的優勢，依然無法被取代。

控制的欲望（Everything is in Control）

25 雲端連結，世界零時差（Zero Latency）

雲端技術（Cloud Technology），除了透過網路傳送以及後端超級伺服器來處理巨量資料之外，另一個相當重要的關鍵，就是其「即時性」的優勢。LINE、Whatsapp、WeChat等即時通訊軟體，是最近紅翻天的溝通利器。在這些手機軟體出現前，MSN、QQ、Skype也是人們透過網路溝通或是商務人士的首選。不但免去了昂貴的越洋電話費，也不會有等待對方上班才能聯繫的麻煩。

古云：「秀才不出門，能知天下事」。對現代「秀才」來說，一機在手、妙用無窮。除了可以看股票基金、看新聞、找路、找餐廳、找朋友、找房子、記帳畫圖隨手寫，還可以做簡報、聽音樂、打電玩。不管身在馬丘比丘之巔還是美國大峽谷，雲端連結提供給人們一樣的便捷性。

現代手機螢幕的兩端，不再有抑揚頓挫或是綿綿細語，文字訊息在「彈指之間」有如箏琴雅韻傳送秋波，或是千軍萬馬、血刃兵戎之間風雲色變，最後猛然出現一張Q版可愛圖片「Thank You」，打完收工。這樣的詭異情節，天天在你我之間上演，不論閣下喜歡與否，生米已熟，賈伯斯先生已逝，功過難以論定。

新聞曾報導過有個聰明的小孩，看到爸爸跟「阿姨」之間的「對話」，覺得事有蹊蹺而加以複製e-mail傳給媽媽，因而揭發了爸爸的外遇事件。「小孩不笨」是真的。現在的小孩，身邊總有著數個螢幕，而老一輩的人身邊的唯一螢幕，用途僅止於顯示號碼罷了。

雲端讓人們虛擬的連結了起來，克服了時差，超越了地域限制。心情分享、炫耀美食並記錄生活，人與人看似遙遠卻又很近，看似很近卻又遙遠。就好比小時候玩著電視遊戲，一個人玩多無趣，非得找個朋友，兩個人坐在一起玩。到了現代，大家又回到一人一機狀態，跟著異地不認識的人玩或是自己跟自己玩，煞是無趣。

雲端連結，世界零時差（Zero Latency）

MSN是由微軟公司於1995年推出的訊息服務軟體，陪伴著許多人一起走過網路進程軌跡，直到2013年被Skype取代，正式退出市場，全球約有數億人使用過這套軟體，堪稱奇蹟。

26 「無縫」系統整合（Integration）

　　大家都有搭乘大眾運輸工具的經驗，像是坐捷運、擠公車等等。當各位在車站等車時，除了看書、玩手機外，是否曾抬頭看過站內的即時資訊系統？資訊時代，螢幕上不但要呈現相關資訊，亦會跑出些廣告或是政令宣導等等。這些再習慣不過的事物，背後其實都有一大堆的工作在進行中。這些工作，你我壓根兒都不會察覺，但這些複雜的工作的的確確正在背景裡不斷進行著。

　　在古代，傳遞訊息除了養幾隻小鳥幫忙送信之外，最簡便的方法就是在城牆上放起漫天狼煙，守城的各區將士便可在最短的時間內升旗備戰，雖然方法不環保，但效果是最佳的。到了現代，我們不需要天天枕戈待旦燒狼煙，但訊息的即時性依然相當重要。

　　每天的新聞中，哪位政客要退出政壇，或是哪位明星覺得舊愛還是最美，對一般民眾而言，並沒有立即需要知道的必要性，但地震颱風、暴雨海嘯或是空襲警報，訊息的傳遞就得越快越好。哪怕只是快個幾秒鐘，防範或是逃命的機會就增加不少。這些資訊都有賴即時且「無縫」的系統整合完成。

　　數以千計、遍布全國的雨量計、風速計將資料蒐集後，透過2G/3G或是衛星網路傳回控制中心。經過彙整計算之後，再透過滿布全國的光纖電信網路，傳到各個資料中心伺服器。各資料中心再依其提供的服務項目，傳送至其客戶手中。這些訊息的轉發，說起來很複雜，但其傳遞的速度不過幾秒鐘，這是網路進化的一大優勢。也就是說，工程師們在後端做了很多的事，讓系統與機器即時且穩定的運作，但對使用的人們來說，運作方式並不是太重要。因為只要資訊來了且有接收到了，那就足夠了。

　　「無縫」系統整合就是讓使用者自然而然的習慣，但卻不會察覺任何異狀或是不便。電視壞了、馬桶不通了，你我都頭痛。人類有解決問題的天性與能力，好用便利的系統到底是怎麼辦到的，想知道嗎？之後慢慢告訴你。

「無縫」系統整合（Integration）

系統整合（System Integration）工程，主要目的
是建立一個不同系統、設備之間資訊與控制的
交流機制，可以讓系統間交互運作順暢及縮減
時間、人力或資源的浪費，例如一個鐵路運輸
系統，通常會涵蓋相當多的系統一同協作。

27 「實用資訊」與「過量資訊」

系統整合是複雜的工程與科學，然而對使用者來說，並不需要了解得那樣透徹，若能透過幾個按鈕，動動指頭就能處理，那是再好也不過了。Google公司的成功，就是滿足了人們「知」的渴望。想到什麼，他就幫你查詢什麼，協助您判斷與進行相關動作。不過，這樣的技術尚有許多「誤判」的機率，或是訊息延遲（Delay）呈現的可能。

若是身邊所及的所有物體都可以與人們身上的穿戴式裝置整合，且彼此互聯，資訊的即時準確性就可以大大提升。經由這種方式，不需要等待後端資料庫查詢的時間，端看使用者想要把資訊呈現在哪裡，眼鏡、褲子、手錶或是可將資訊呈現在視網膜的眼球晶片。

想像一下，走在大馬路上，視網膜上跑出了所有相關資訊，例如：「前方50公尺路口將有公車經過；左邊水果店，香蕉西瓜買一送一；右邊轉角將有妙齡女子狂奔而出，請小心！」所有正在發生的事情或訊息，通通傳到你的腦中。好比科幻電影裡的頭盔顯示器，所有資訊均能即時掌控。這是物聯網發展到極致時的狀況，這樣的世界，看似實用，但所有資訊每天24小時轟炸在眼前，可能會導致人們迷失自我，甚至發瘋。

汽車或飛機的發展史，就是人類與機器的一場拔河戰。開車玩手機不看路，後果可能會非常慘。而太多的資訊，也反倒讓執行某些事情的根本目的本末倒置。近代汽車上總有著許多電子設備，過多的資訊總讓人眼花撩亂，容易讓駕駛人分心不打緊，車子上鎖了打不開或是按鈕太多找不到，這才是糟糕。又如戰鬥機上的駕駛要看太多螢幕資訊，反而喪失了飛行技巧。這些都是物聯網發展下，過量的訊息造成的反效果。

「實用資訊」與「過量資訊」，必須小心區隔。下次在找路時，不妨抬頭看看指示牌，而不要猛抱怨導航系統不精準，把車開到池塘或海裡的新聞，還真是不少呢。

新舊戰鬥機座艙比較

近代戰鬥機座艙

傳統戰鬥機座艙

「資訊爆炸」是指信息的快速發展如爆炸般席
捲整個地球。在互聯網技術的發展之下，每天
在我們生活的世界上產出大量的信息，信息的
增加速度，已經到了接近可怕且爆量的情況，
常讓人不知所措或是感到吸收不良。

「實用資訊」與「過量資訊」

28 永遠不滿足的速度感

速度感的追求，不僅止於人類，動物亦同。新技術的突破，總是讓人們欣喜與期待，就像是手機開始能夠上網時，立馬成為時尚的象徵，誰跟不上時代，就只有被嘲笑的份。在那個「青澀的年代」捷運列車上，偶然間拿出筆記型電腦並透過手機連上網處理公事，感覺就是走在時代的尖端。

「網速」對「互聯網」（Internet）的用戶來說相當重要，對「物聯網」（Internet of things）所連接的「機器」同樣重要。愛上網的人總是無法接受不斷的「Lag」，而對物聯網中的設備與感測器來說，「延遲」（Delay）可能會造成影響巨大的錯誤與損失。一個重要的控制指令未能順利傳遞，輕則系統異常，警報大作，重則造成系統停機與終端用戶的損失。辦公室裡的網路如果不通，大家雖然會把MIS的電話打到爆，但其造成的損失相對有限。

筆者曾經處理過一個火力發電廠的系統案，因為該系統中的網路設備異常，造成電廠緊急停機，因而導致依賴火力發電廠供給的一個小鎮瞬間無預警停電，損失難以估計。若家中安裝的居家防護系統斷電或是網路通訊異常，不肖人士就可能趁虛而入。物聯網對於網路系統的順暢與即時性需求，其實較一般互聯網或電信網路來得更加嚴謹與重要。

速度的要求，不僅是使用者便利性的考量，更是許多應用的基本需求，沒有妥協、沒有例外，取一句電影《功夫》中說的話：「天下武功，無堅不摧，唯快不破」。

龜速則不達！！

永不滿足的速度感與令人厭惡的Delay

圖片來源：www.nipic.com

人命關天的公共工程絕不允許「Delay」

圖片來源：新華網

　　「Lag」，是指使用電腦連線操作時，其運作不能和其他正常進行的電腦保持同步。例如在玩線上遊戲或是觀看影片時，用戶端畫面無法正常顯示或出現滯後、馬賽克等現象。

永遠不滿足的速度感

29 慢速車請走外車道
「Quality of Service」

在訊息量不斷提升的現代，速度之外，最需要注重的就是「頻寬」。就如同跑得快的人不等於能扛重物。頻寬的需求與網速的需求一樣，越來越大且無窮無盡。

過往電腦還在萌芽的年代，1.44Mb磁碟片是六年級生的共同記憶，到了現代，隨手拿起的隨身碟都有幾十或上百「Giga Byte」，電腦裡的硬碟也已從「Terra Byte」起跳，更不用說大型資料中心的「Big Data」資料庫了。

頻寬的需求永無止盡，不滿足是人類進步的動力，但總還要有方法來「盡量」滿足所有人的需要。如同上廁所與工作哪個重要，或是吃飯重要還是買車重要等等。輕重緩急總是有所謂的「優先順序」（Priority）。

「QoS」（Quality of Service or Class of Service）的概念，就是物聯網保障服務品質的一大關鍵。開車時，龜速車占用內車道，總會讓人有在大街上按喇叭的衝動，車道的劃分，即是為了設定讓各種車輛適合行駛的使用條件與安全。資訊的傳遞，也會依使用目的與應用，採取優先處理或是排序處理的方式。就像使用電腦上傳檔案，慢個幾秒或數分鐘無傷大雅，但使用網路電話（VOIP Phone）時，斷斷續續消音或是音量忽大忽小，總會讓人氣結。

在物聯網系統裡，網路設備大多支援「QoS」這個重要功能，可以透過管理不同應用的優先權，讓不同的應用都得到合理的頻寬利用率，彼此不互相干擾。或是在有限的資源之下，得到相對合理的分配。如同馬路只有一條，但大家都要使用，就像高速公路上行駛的各式車輛，貨車或慢速車靠外車道，而高速車走在內車道或超車道才是。特殊的警用或救護車輛，除了既有車道可走之外，還多了路肩通行權。優先等級的區分下，道路使用就得以順暢且具效率。

有了優先等級的區別後，不搶快不占用，品質才能得到基本保障。

QoS（Quality of Service）是在封包交換網路和電腦網路溝通時，針對不同用戶或者不同資料流，採用相應不同的優先順序，或根據應用程式的使用要求（如VoIP），保證資料傳輸的效能達到一定的品質。這樣的功能，對於容量有限的網路來說相當重要。

30 制定下一個遊戲規則

科技的進步，是永不止息的挑戰。物聯網的技術與時俱進，今天設立的標準，明日未必適用。商場如戰場，技術的進步也代表新一輪商業大戰的開始。業界的大老們，不管做晶片、做手機或是做雲端服務的，談到物聯網，無不豎起大拇指，信心滿滿的告訴世人，那是一個所謂的趨勢（Trend）。然而，顯而易見的，他們口中所講的，與其腦中所想的，不外乎就是「All Money Back Me Home」這麼簡單而已。

一個「口號」或是「趨勢」，其背後「標準」（Standard）的制定與推展，都需要大量的資金與行銷力量。「早起的鳥兒有蟲吃」、「大者恆大」等理論，不斷反覆地得到驗證。誰能拿到主控權或是誰領導著流行趨勢，都將會是最後的勝利者。誰能提出新的概念、新的思維，就能當該產業的「領頭羊」。就像是政府訂定稅收法則一般，抽多少稅或抽哪些項目的稅，你我都無從過問，只能被動接受這一小群人訂下的遊戲規則，並且乖乖遵守。

物聯網在「智慧電網」風潮之後，成為近幾年琅琅上口的話題。誰能為其找出新方向、新服務、新的生意模式（Business Model），下一個億萬富翁就是你。臉書的發明人「馬克‧祖克伯」（Mark Elliot Zuckerberg）、阿里巴巴（Alibaba）創辦人「馬雲」，都是物聯網起飛後的勝利者。現在物聯網所應用的技術，多為既有技術的延伸或是數個技術的整合體，網路平台與伺服器系統也是延續既有技術加以擴大而來。從工業應用慢慢導入個人或是居家應用，雲端、網網相連、大數據、社群媒體每天充斥著版面，並逼迫著人們就範，即是行銷力量的展現。

在這個時代，唯有「破壞式的創新」，才能成為新遊戲規則的制定者，新的遊戲推出且將規則制定後，就會有一群「玩家」、「裁判」、「NPC」，甚至「攻略大全」緊接著出現。遊戲制定者只需要在家泡茶看電視，大筆金錢就會不斷的湧入其帳戶。

誰快誰慢？下一個贏家又會是誰？

制定下一個遊戲規則

「破壞式創新」是一種與主流市場發展趨勢背道而馳或是完全跳脫出來的創新活動，它的破壞威力及感染力極為強大，一般企業或競爭對手都難以望其項背，或是複製其產品或成功經驗，這類創新稱為「破壞式創新」。

破壞式創新

　　破壞式創新（亦稱破壞性創新）為一種與主流市場發展趨勢背道而馳的創新活動，它的破壞威力極為強大，一般成熟的企業都難以適應這類創新所帶來的挑戰。破壞性創新的概念最早是由著名的經濟學大師、荷蘭人熊彼特在1912年提出的。他把創新視為不斷地從內部革新的經濟結構，即不斷破壞舊的，並創造新的結構。他還認為創新就是企業家對生產要素的新組合，即「建立一種新的生產函數」，其目的是為了獲取潛在的利潤，讓過去的固定資產設備和資本投資已過時、無效或者貶值的，通過創新產生大量新的資本（利潤）來彌補這些貶值和無效。

　　近百年後，克里斯坦森再次清晰的提出破壞性創新，並彌補和改進了熊彼特的創新理論。他認為，破壞就是找到一種新路徑，而這個破壞並不等同於便宜或不夠好。破壞並不是突破的意思，突破的含義是在原有的基礎上進行創新，因此突破性的技術通常是維持型的技術。而破壞是找到一種新的生產函數和模式。低階市場的破壞性創新，通常是指事業模式與產品的創新；新市場的破壞性創新，指的則是在簡易性與價格負擔上的創新。

破壞性創新具有相對性：

　　破壞是相對於現有的主流技術、主流客戶和關係企業而言的，一旦破壞性創新形成明確的性能改進軌道，也就演變為維持性創新，其後又會出現下一輪新的破壞性創新。對一家公司具有破壞性的創新，可能對另一家公司具有維持性的影響。如互聯網銷售對戴爾公司的電話直銷模式而言是維持性創新，而對康柏、惠普和IBM公司的銷售渠道來說則是破壞性的。

破壞是一個過程：

　　隨著破壞性創新產品的逐步完善，它的新屬性慢慢達到主流用戶的要求，並且吸引更多的主流市場用戶，由此對關係企業產生一次「破壞」。相對於固定式電話，行動電話是一種破壞性創新，它雖然使用費用高、信號質量差，但具有便於攜帶的特徵。當行動電話進入市場時，主流市場用戶仍然偏愛固定電話，因為固定電話可靠而便宜。隨著蜂巢技術的發展，行動電話不斷更新換代，使用成本降低，價格不斷下降，開始吸引越來越多的主流市場用戶。需要注意的是，破壞性創新的新定義與是否發生產品替代沒有關係，破壞性創新產品並不一定會替代現有產品。在行動電話導入市場後的十幾年間，行動電話和固定電話經營商在需求結構完全不同的兩個市場內經營。

（資料來源：MBA智庫）

第三章
生活就是物聯網

畫 說 I o T 物 聯 網

31 食──科技農夫，菜不一定要長在土裡

民以食為天，肚子餓的時候，麵包比起愛情，還是稍稍實際一點。農業為立國之本，但現代的農夫跟以往相比，可是大大不同了。近來新聞中常常聽到某些高階主管或竹科工程師，為了避免過勞死，放棄百萬千萬年薪下鄉種田。他們沒有厚厚的手繭與黝黑的皮膚，有的是一副厚重的眼鏡與滿口科技專業。

這些白領農夫的「科技良田」，有著創新的思維與見解，在「SOP」標準化作業流程的「操盤」下，讓農夫這個行業變成一種時尚。這些人將熟悉的工廠自動化與良率控管，用於生產稻米蔬菜或是水果。「12P4廠」生產改良種有機小番茄，或是透過「SMT/DIP」的接枝水梨剛量產出來，進入後段「組、測、包」的加工作業；有機肥料透過「IQC」檢驗，確保無毒無害後，再送至下游使用；且採用「排污監控」，讓環保與生態平衡兼顧。

這些高科技工廠的名詞，不但進入農業的世界，相關的感測器與監控系統，亦一併帶入生產製程。透過酸鹼度、含氧量、溫濕度控制，甚至夜間照明系統與自動養分水分供給的「滴灌」系統，讓這些有機健康蔬果不但長得「頭好壯壯」，外觀與甜度都在嚴謹的控管與篩選下，個個新鮮美味，讓人食指大動。甚至近年來，在水耕蔬菜行之有年的概念下，「物聯網自動種植系統」的崛起，更讓人驚艷。

蔬菜不同於過往需種在「透天厝」裡，而是種在公寓大樓裡，並肩坐在一排排的盒子與鐵架中。猛然一瞧，這些蔬菜就像是住在高樓大廈裡的人們，非但不愛出門曬太陽，還過著舒適的好日子。得宜的溫濕度控制與LED照明下，一株株生長得鮮嫩欲滴。感測器會偵測，並透過物聯網將所有蔬菜的相關生長與環境數據送到資料庫分析。品質不但穩定，且成本可以精確掌控，當個科技農夫其實一點也不難。

人人皆可為農夫

家中也可以是菜園

圖片來源：中時電子報

水耕箱式LED種植

圖片來源：澄谷水耕

「水耕蔬菜」的栽培方式，主要是透過注入液態營養液給栽種的植物，使用種植基質有固態及液態兩種，甚至以懸空根部的方式種植。近來也相當流行，不受限於空間以及環境，在大樓裡也可栽種蔬菜。

32 食——養殖大變法，農林漁牧自動化

曾看過一段電視採訪報導，一位高材生在研究所畢業後，就下定決心當起漁夫。他回到在台灣南部的祖傳養殖魚塭，不但一切從頭開始，家人也相當反對。靠天吃飯總是不易，向老天爺討口飯吃就得戰戰兢兢的做好該做的工作，想要成功，任何小細節都不能放過。除了必須避開疾病與天災，還得擔心避免遭受工業污染，這樣的遭遇與情節，近年來時有所聞，而這位年輕人的勇氣與毅力也讓人敬佩。

比起台灣人，外國人總是比較會想一些方法來減少自己本身的負擔（Loading）。筆者曾協助一個歐洲客戶，進行一項相當有趣的計畫。那是在一個養殖漁場內導入新潮的自動化系統。概念其實相當簡單，「魚兒肚子餓了，餵飽牠就是了」，透過視訊系統（CCTV）與移動偵測功能（Motion Detection），來偵測魚塭裡魚群的活動，魚肚子餓的時候，活動力較弱，也不大會在魚池上跳躍，所以當攝影機捕捉到的「魚躍」次數減少到一定數字以下，控制器就會啟動飼料施放機，並投下定量的飼料，若魚群吃飽了，有力氣了，又會開始活蹦亂跳。此外，該系統同時也針對水中含氧量、溫濕度以及日照強度等資訊，透過光纖網路加以蒐集至管制中心，有需要時會自動啟動幫浦打水，或以升起遮陽棚之類的方式來照顧這些寶貝魚兒們。

同樣的方式，也可用在溫室蘭花栽培，或是畜牧業的牧場之中。自動化的灑水降溫、風扇水簾，或是自動噴水幫豬隻洗澡，現在的農夫可以省卻大量時間與體力。

另外，筆者在澳洲牧場遇到的案例是，該客戶於牧場裡裝設許多大型32dBi碟型無線天線，連接到無線基地台，用以傳送牧場周圍的視訊（CCTV）與圍籬入侵監控（Intrusion Detection）。該系統建置得相當成功，但唯一令人擔憂的，就是牧場上的乳牛們可能會因每天接收到大量電磁波而得癌症（Cancer）也說不定。這些多樣的自動化應用案例，也可說是物聯網的精華所在。

養殖自動化系統（自動化循環水室）

圖片來源：國立台灣海洋大學養殖系

食──養殖大變法，農林漁牧自動化

「水產養殖」技術對人類來說相當重要，起因於人類對水產食品需求不斷攀升，但是捕撈漁業的生產已達極限，故由海上捕撈轉向水產養殖，以紓解海洋漁業的壓力，近年來，岸基的池塘養殖已進步到海上圍網養殖或是室內養殖。

33 食——料理達人在我家

大家或多或少都有下廚經驗，無論是簡單的家常菜或是製作麵條水餃，沒有認真學習且繳過一些學費，很難將自己的廚藝提升。但到了物聯網的時代，一切都不同了。

筆者自家的瓦斯爐，辛苦了十餘年後，總算是到了功成身退的時候。陪著母親到賣場選購瓦斯爐，放眼望去，款式還真是令人目不暇給。二口三口、火焰型的或是電磁式的，琳瑯滿目、應有盡有。偶然一瞥，一個特別的產品吸引了我，那個「高檔次」的瓦斯爐除了結合烤箱功能，在基本的火力旋鈕之外，居然有著一些特殊的按鈕與液晶觸控面板。這樣新潮的東西，居然出現在瓦斯爐上，比在光華商場買到最新的電玩主機，更讓我驚奇。

除了外觀新潮，其功能更是相當強大，除了定時裝置之外，還有「緊急停機」按鈕，更有防乾燒與過高溫警示，瓦斯爐還提供手機App軟體，透過藍牙網路與手機連接，時間一到，手機就會彈出警示，讓主婦不會忘了還在小火燉煮這件事。此外，最讓人驚訝的是，觸控面板本身可以直接輸入想要的菜名，系統會自動連接網路，顯示出食譜及烹煮方法，讓您再也不需要打電話問媽媽料理的方法，更不會手忙腳亂不知要先放鹽還是醬油。煩悶時，還可以邊煮菜邊聽音樂，一機多用，功能真是相當強大。

不過，這樣厲害的產品並不被婆婆媽媽們所青睞，除了高昂的價格與複雜的操作方式之外，這玩意兒大概只能當成貴婦炫耀的「玩具」罷了。如同新型的BMW轎車，一大堆按鈕與系統警示聲，著實令人相當苦惱，連開個車都不得安寧。

過去，每每看到美食節目上介紹厲害的菜色時，婆婆媽媽們都會很緊張的抄下方法與步驟，在智慧手機盛行之後，電視節目也就不再那麼重要了。

高階家電已進入物聯網的世界

圖片來源：林內瓦斯爐

食——料理達人在我家

家電產品的進步，讓人們的生活負擔減少不少，從早
晨的咖啡機到下班後的洗衣機、洗碗機等，都是我們
生活上的好幫手。未來當「機器人」導入生活之後，
人們便可以將更多的時間用來休憩與思考。就像遠古
時期，當人類擁有了農耕技巧之後，不再需要為了生
存或食物煩惱，進化的速度就此突飛猛進。物
聯網將會是人類下個成長週期的起始點。

34 衣——智慧著衣，穿在身上的力量

「佛要金裝，人要衣裝」，穿得暖也要穿得美，是現代人對著衣的基本要求。衣服是你我每天都會「親密接觸」的好朋友，在物聯網的時代，穿衣服的學問可是大有來頭的。

紳士穿的西裝，必須具備商務功能，可以配合智慧手機來啓閉電話，或是提醒平常辦公室坐太久的「馬鈴薯」先生們，時間一到該起來走一走活動活動了；淑女穿的衣服則會自動偵測體脂肪，避免飲食過量身材走樣；老人家穿的衣服會自動偵測血壓心跳，還會預防跌倒發生或是提醒老人家要記得吃藥。這些都是最新式的「物聯網著衣」。

此外，除了一般的日常衣著，某些特殊用途的衣服也進入一個新的里程碑。像是消防人員穿的救火衣，就加入許多感測器，像是含氧量或毒氣偵測器等；醫院裡的病人服，除了內建壓力、體溫、血壓脈搏感測之外，也內建了時間設定與系統連動，讓醫護人員不會漏掉任何一個病患的需要。

太空人的太空衣、飛行員的壓力衣、潛水員的潛水衣、核電廠的防輻射衣、石化廠的工作服等等，在數十年前也都已加裝感測器連接物聯網使用，透過這些感測器，可以協助人員在作業時更加安全有保障。以往因為這些特殊服裝的價格居高不下，所以僅限於特殊用途使用，但隨著時代進步，一般老百姓也可以輕鬆享受到科技帶來的便利性與加值服務。

現在的「物聯網著衣」要求，除了基本的舒適度之外，在感測器的微型化及高續航力的電池技術加值之下，還得兼顧防水與耐用度。未來的感測技術，可能變成直接把塗料塗佈在衣服之上，再接上電線就完成了。而且不但可用在衣服、鞋子上，甚至可以塗在牆上或地上，達到「Sensor Everywhere」的境界。當任何物體只要上了漆，都成了感測器之後，物聯網也就無所不在了。

衣——智慧著衣，穿在身上的力量

「太空衣」對太空任務來說，可說相當重要，除了保持太空人體溫、壓力平衡、阻擋宇宙有害的輻射線、處理太空人排泄物之外，最重要的，就是提供氧及抽去二氧化碳，其上並裝置著許多感測器來協助運作。

35 衣——國王不穿衣，不試穿也能買

看過好萊塢電影《星艦迷航記》（Star Trek）之後，大部分人對瞬間傳送或是電腦模擬地球環境的這些場景一定不陌生。艦長總愛到那個小房間，叫出他心中的皇家音樂廳或是與舊情人談戀愛的小酒吧。這樣的特效，在現今電影技術上，已經是相當成熟了。

一個待在攝影棚的主持人，透過模擬場景就可以自在旅行於地球的每一個角落，煞是神奇。這樣虛擬成像的技術若放到百貨公司，就成了超現實主義的「現代更衣鏡」。在可見的未來，虛擬成像技術的應用將越來越廣泛，讓人目不暇給。

童話故事《白雪公主》裡，「魔鏡」的戲份相當吃重，不僅要帶給遭受家暴陰影的白雪公主一些自信心，還要一邊當壞皇后的「國策顧問」。人們總是相信「魔鏡」具備了慰藉心靈的力量。在物聯網的驅動下，「魔鏡」真的在我們周遭實現了。走進百貨公司裡，最夯最吸晴的，莫過於「穿衣魔鏡」了。在55吋大螢幕前大手揮一揮，就可以試穿百貨公司裡最新熱賣的新款春裝，如同女生最愛的「紙娃娃」遊戲「真人版」般，相當有趣。

這樣的技術，不僅能在百貨公司裡運用，最新推出的「智慧梳妝檯」，也讓愛美的女性（男性）們為之瘋狂，這樣的新玩意，也讓「魔鏡」的功能更向上提升。透過人臉辨識及影像感測技術，就像一位專業的化妝師，除了每天幫您檢視裝扮，建議怎樣的彩妝應該配什麼樣的衣服，又能即時從網路的資料庫Download最新的流行服飾資訊，讓您每天總是可以美美的出門。

當各位美女或俊男回到家時，「魔鏡」不但會跟您噓寒問暖，甚至教您如何卸妝與保養，或是「溫馨」提醒您，似乎又胖了一點，該運動一下了，「魔鏡」並且瞬間變身成健身教練，播放韻律體操影片，並指導健身方法。有這樣的一位「閨密」好幫手陪伴，堪稱女人（男人）之福。

衣——國王不穿衣，不試穿也能買

現今手機大多支援前後裝置鏡頭功能，當軟體將自拍鏡頭所拍得的影像，直接傳送到手機螢幕上，就出現「鏡子」的效果。或是經由主鏡頭影像傳送到手機螢幕上，則有「穿透」的感覺。

36 住——智慧居家，智慧門窗

　　「魔鏡」的技術，不僅可以運用在手持式裝置或是百貨公司的看板上。換個環境，到了家裡或是其他場所，一樣可以得到意想不到的效果，滑手機不過癮，那就來滑一下窗戶或牆壁試試吧。

　　市面上「單向透視玻璃」的技術，是一種對可見光具有很高反射比的特殊玻璃，通常應用在審訊室或心理諮詢室，這是光學技術的突破。另外，「變色鏡片」隨著太陽光線的變化，迅速調整及過濾眼睛接受的光線，也堪稱光學技術的一絕。但這些「純光學技術」在「魔鏡」技術的創新思維下，竟顯得相當渺小且微不足道。

　　三星公司（Samsung）曾發表一個「智慧窗戶」（Smart Window）的概念，一舉打破窗戶在你我心中長久以來的印象，牆上其實「不一定要打洞」來安裝窗戶，只要在牆外裝上攝影機，將影像傳到室內的顯示器上，窗外的美景立即呈現眼前。想關上窗戶，也只要「滑」一下虛擬的百葉窗，光線就會隨著減低甚至關閉。夜裡想要星月滿天，只要按個鈕，要摘幾顆就有幾顆。可惜並非毫無缺點，從此以後您大概再也感受不到窗外吹來的微風，火災時也沒辦法輕易逃生。

　　這樣的技術，尚且受限於顯示面板的尺寸與造型，相信再過數年，一切都將不再是問題。顯示器大廠不斷推陳出新，從過往的CRT到電漿電視；從LCD到LED等，面板越做越大，卻能夠更為輕薄，甚至連彎曲也不再是問題。「塗料面板」的概念，已被提出並研發中。不管在牆面或是地板天花板上，塗了特殊塗料之後，接上電線就可以立即變成大尺寸或是「全牆面」螢幕。

　　屆時，電影院應該不復存在，因為人人在家都可擁有720度的「全視界」電影院。遊山玩水不用花到一張機票錢。坐在馬桶上就可想像著操作飛行船，遊遍世界七大奇景，甚至遨遊外太空欣賞銀河之美。若是心情好，再加一些造雨噴煙或是釋放香味的機器後，嫌3D不夠看，4D、5D電影隨處可得。「魔鏡」的威力即將席捲全世界，敬請大家拭目以待。

取代窗戶的「窗」

近期由美國所發明的「透明太陽能板」，可以做到「只攔陽光，不攔風光」的效果，僅吸收特定的紫外線或近紅外線來轉換成電能，不會吸收或發出可見光譜中的光，因此，在人們眼中看起來幾近透明，將其安裝在屋頂或門窗上後，就可謂是另類的「智慧門窗」。

37 住 —— 智慧居家，豪宅人人買得起

　　物聯網的發揮，讓前衛技術融入日常生活中。「魔鏡」或許夠神奇酷炫，但回歸人類對「家」的需求本質，窗還是窗，門也還是門，開不了窗、出不了門，那就好比身陷囹圄之中。另一方面，智慧居家（Smart Home）相對來說比較符合現實的需要與生活品質的提升。

　　豪宅人人都想要，不但要大坪數大空間，還要依山傍海坐擁無敵美景。一間「帝寶」豪宅，一般人如果不是中了連摃20期的大樂透，大概很難入手。比起「豪宅」，「智慧宅」相對親民多了，端看您的「生活品味」加上一些些巧思與環保觀念，就可以簡單辦到。

　　一盞燈，可以是白熾燈、LED燈、聲控或移動感應燈。燈泡進化再加上感測器與無線感測網路，就成了「物聯網照明」系統。透過手機或平板電腦即能輕鬆控制燈光開關，還可以加上自動感應環境光線與排程使用時間（Scheduling）等等。更厲害點，還會提醒使用壽命與更換時間來達到預防性維護（Prevention Maintenance）的功能。先天優良再加上後天調理得宜，這樣的產品使用在家中根本就是「神乎其技」，比起億萬豪宅一點都不遜色。

　　同樣的概念若應用在電梯，遇到老人家或小孩，會自動減速或是播放「溫馨小語」，避免摔跌意外發生。入門的門眼攝影機（Door Cam）連結門鎖（Smart Lock）與警衛室（Security Guard），可以自動辨識身分過濾來客，門鎖本身可以透過視網膜掃描、指紋辨識，或透過手持式裝置APP及NFC/RFID技術來進行近端或遙控開啟。

　　家庭用水透過物聯網可以將集水、廢水、自來水系統整合，將屋頂蒐集而來的雨水用來澆花或沖馬桶，水塔上的液位感測器與抽水馬達，也可以配合節電減價時段來抽水。屋頂上的太陽能板，連接房屋的供電系統與冷暖空調系統（HVAC），透過監控面板，將每天的發電量與用電量分析整理。聰明的智慧住屋，就像一部好車上的電子配備，酷炫又拉風，就看您覺得「需要不需要」。

Smart Home Lazy People!

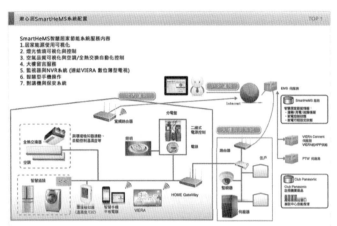

居家系統整合示意圖

圖片來源：Panasonic

智慧門鎖

圖片來源：http://www.5lian.cn/

家庭自動化系統源自於「大樓自動化」概念。
利用微處理電子技術，集中管理與自動控制家
中的電器產品及系統，例如保全系統、空調、
視聽音響，其系統由前端控制系統和後台控制
主機組成，使用者經由前端下達控制命令，再
透過後台控制主機來驅動各項設備。

住——智慧居家，豪宅人人買得起

38 住——有水當思無水之苦，智慧用水

　　除了大樓的節水與水處理系統之外，在一般居家生活之中，「水」是一個必備的元素。停水時，馬桶無法沖水、無法洗澡、不能煮飯，吃塊糖果手上黏呼呼的也沒法洗。有水當思無水之苦，是必要的觀念，但其實省水也可以很「物聯網」。

　　在日常生活中，廚房和浴室裡的用水設備通常都不會被大家注意到，頂多是看看品牌跟造型美不美觀。但透過物聯網的技術，水龍頭就搖身一變成了「高檔配備」。不僅可以幫你節約用水、或是保持最合適的水溫，還可以自動幫你「放燒水」（台語）。近來一些特殊設計的水龍頭，加入了感溫元件，以及流速控制，讓您可以在精準的水量與水溫下，完成日常的盥洗動作。此外，透過物體感應偵測，讓您無須觸碰水龍頭，就可以直接用水，因為通常需要洗手時，手都是髒的且滿佈細菌，因此這樣的功能可說是相當方便。

　　此外，每天回家時，智慧水龍頭還可以透過通訊模組，連接雲端至我們的智慧手機。回家前，只要透過智慧手機，就可以對家中浴缸的水龍頭、SPA室，或是溫水游泳池（如果有的話）下達指令，即使是寒冷的冬夜，也可以在踏進家門後立即享受暖呼呼的熱水澡。

　　再者，在淡水缺乏的地方，像是船艦上或是外太空，精準控制水的用量是非常重要的。筆者當兵時，很榮幸的擔任海軍艦艇兵，就曾有船上造水機故障，一個禮拜無水洗澡的經驗。每日在汗臭淋漓下，身上甚至有許多「化學結晶」出現，煞是辛苦。

　　所以，如何精準的使用淡水，並且讓淡水可以循環再利用，就是相當重要的課題。尤其是許多缺乏淡水的國家，無論是透過海水淡化或是向國外買水，都是相當不容易的。透過科技加持聰明節水，可讓你我生活到處都有「智慧水龍頭」。

先進的水處理系統

智慧水龍頭

圖片來源：iWash

海水淡化系統

圖片來源：www.swtplant.com

「數位恆溫熱水器」是透過微電腦以及數位
開關的方式來控制冷熱水流，同時必須在設
定值上下幾度的範圍內穩定運作。當出水量
與火力控制達到平衡後，須隨時可以提供使
用者需要的輸出水量，微電腦以及溫度、流
量感測器在此機器中扮演重要角色。

39 住──居家照護，老人小孩都保固

「智慧居家」在節能與「綠建築」觀念帶動下，讓家家戶戶都可以既時尚又節能環保。但另一方面，家中的智慧家電，像是智慧電視、冰箱、空調等等，雖然其本身對節能減碳沒有幫助，但在生活品質的提升上，還是大家追逐的方向。

此外，「居家照護」需求在老年化社會與雙薪家庭的趨勢下愈趨重要。夫妻倆上班後，家中的老人家、小孩，甚至是心愛的寵物，總是讓人放心不下。請得起保母或外傭的人，或許能夠省卻些許煩惱，但近來虐待事件頻傳，依然讓人無法真正安心。這時，靠著物聯網與感測技術的幫助，讓科技來當我們的左右手，不失為一個好的選擇。

老人家最怕跌倒，只要讓老人家在身上帶著智慧手環、緊急呼救按鈕，或是穿上「智慧著衣」，不但可以預防一些可能跌倒的狀況，或是在跌倒發生後，透過身上配戴的「緊急按鈕」獲得協助。利用雲端技術，無論家人在世界的任何角落，都可以隨時知道家中親人的狀況。

此外，家中若有剛出生的嬰兒，透過視訊攝影機傳送到雲端伺服器，可以將可愛的畫面即時傳送到正在上班的父母手機上，相信足以撫慰許多辛勞父母的心靈。家中有臥病的家人、重要的金庫保險箱，或是房子買太多難以管理等等，均可透過雲端居家照護系統來增加保障。

常出差的商務人士或是全家人一起出國旅行時，一定會對家中的寵物照顧傷透腦筋，除了送到寵物旅館之外，「寵物自動餵食機」成了一大幫手，透過時間設定與寵物身上的項圈感應，提供寵物每日必須的飲食與飲水，主人也可透過雲端攝影機，觀看寵物在家中的活動狀況。若有異常，也可以自動透過即時通訊軟體或是電子郵件來通知親友幫忙處理，相當方便。

人類總是會透過最新的科技來減少生活上的負擔，在未來，居家照護「機器人」即將浮上檯面，或許能夠成為人類最忠實的好朋友也說不定。

人類未來的「好朋友」

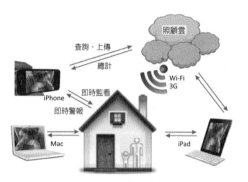

居家照顧雲端系統與照護機器人

圖片來源：威邁思電信

40 住——智慧綠建築

「綠建築」是智慧居家的延伸，在智能化加值下，提供一個「Earth Friendly」對地球環境友善的新觀念。一個可以遮風蔽雨的「家」，以古代的概念來說就是一個屋子裡養了幾頭豬。房子從古至今基本功能從沒變過，只是養豬的人少了，裡頭的學問卻多了。

綠建築的主要目的，是要讓人類的房屋或建築達到節能環保又兼具功能性，甚至還得美觀與養生。但若依這個標準來說，在山上鑿個洞穴來住，冬暖夏涼美景環繞，環保又不花電費，這才是真正最佳的「綠」建築。然而，我們都不是陶淵明，沒有悠然見南山的氣魄，更沒有生存在那樣環境的本事，所以我們的房子只要能夠取得居住機能與環境保護的平衡，就可以稱為綠建築，只是「綠」到什麼程度罷了。

一片桌子大小的太陽能板，可以供給家用1%的電力，若您家屋頂有100張桌子那樣大的話，產出的電力不僅可以自給自足，還可以用來多點亮幾盞路燈或是賣給鄰居使用賺點外快。一部微風力發電機約可供給5～15%的家用電力，只是屋頂又得再大個十幾坪空間來裝風力機。一片太陽能板造價約十來萬台幣，一部50kw微風力發電機亦同。配合數位化的智慧電錶以及物聯網，可以將系統連結到家中的「節能管理介面」（家中的第七屏幕），可以監控每日每月的發電量與使用量。

綠建築常用在公家單位、體育館、圖書館或是公司的企業大樓，做為環保形象的「最佳代言人」。在物聯網的幫助下，不但新潮又兼具話題性。但以一般家庭來說，只要能在屋頂種小樹、闢菜園，或是蒐集雨水來洗車澆花等，已屬不容易。少開冷氣多開窗、隨手關燈勤走路等芝麻小事，若人人辦得到，「過熱」的地球也就會涼快許多，只要舉手之勞，綠建築便可無所不在。

節能，環保又美觀

政府綠建築標章

台達電子綠建築大樓

台北101大樓綠建築成效

圖片來源：台北101大樓網站

「綠建築」，其重點在於降低建築物所使用的資源，如：瓦斯、水電及本身建築材料等等。此外，減低建築材料對人體健康與周遭環境的破壞，還得考慮到美觀並融入自然環境，才可稱作是綠建築。

住──智慧綠建築

41 行——智慧公車（E-Bus）

提過了人類食、衣、住等基本需求之後，再來就是行的問題。在人口不斷增長的城市裡，私家車絕對不會是個好的選擇，廢氣、塞車、交通事故等，都讓大都會區擁擠不堪。交通問題也常是民怨清單的前幾名。

公車，是城內交通（Inside City）的重要一環。透過不同的行駛路線，讓廣大民眾與學生族群能夠暢行無阻。近年來「智慧公車」（E-Bus）與「無污染電動公車」成為熱門話題。智慧公車不但有自動收票系統AFC（Automatic Fare Collection），甚至提供充電座與無線上網（Wi-Fi）服務。在公車站等車的人們，也有公車抵達時間看板或是廣告多媒體看板，讓您清楚掌握公車動態且不無聊。

這樣的便利性來自於公車上的車載電腦，透過擷取GPS衛星定位與車輛狀態資訊，傳送給遠端的資料中心進行資訊整合，然後再提供給各公車站內的「旅客資訊顯示系統」（Passenger Information System）。無線上網服務也是透過車內的局端無線基地台，連接對外的廣域無線基地台來達成。近年來，由於搭乘公車的安全性要求，更將車內的行車影像記錄器以及攝影機影像，傳送到車內的儲存伺服器及遠端的資料中心。無論有人被車門夾到手，或是遇到「公車癡漢」，都可以達到嚇阻或是記錄的功能。

行控中心在這樣的物聯網系統中，扮演著重要的角色，不但得進行車隊與路線管理，當遇到緊急事故，如車禍或歹徒脅持，都可以即時通報警察系統。甚至當集會遊行發生或是馬路開挖工程時，也可協助公車改道，且傳遞公車改道訊息到各公車站內，盡可能減低對民眾的衝擊。

此外，在國外行之有年的「指定路權」快捷公車系統BRT（Bus Rapid Transit），也在台灣漸漸流行起來。透過專用車道、專屬的候車站、先進的站內資訊與收費系統，將公車系統發揮到極致，暢行無阻之外，兼具造價低廉及建置迅速的優點。建議您下次搭公車時，不妨抬頭看看車內設備，感受一下科技的進步。

大家一起來BMW（Bus、Metro、Walk）

智慧電動公車與候車亭

圖片來源：首都客運／新北市政府

台中BRT快捷公車系統

圖片來源：台中市政府

傳統公車依然會對市區環境造成傷害，因此廢氣、噪音等問題還有待克服。近年來環保公車開始盛行，從油電電動公車（Hybrid）到純電動公車（EV），或是氫燃料電池公車（Fuel Cell）等均是。

42 行——隨傳隨到，小黃很厲害

智慧公車一般來說是小資族的最愛，而滿街的小黃，則是商務人士的最愛。「隨招隨停」、愛到哪就到哪，不用受限於路線或是浪費寶貴的時間，是小黃最實際的特性。

等過計程車的人都知道，在那寒風刺骨的冬夜，還得揮舞著雙手甚至張牙舞爪希望能夠盼到計程車司機「看到」且「停到」面前的痛苦，抑或是大雨滂沱的下班時間，想要叫台車，還得使上「追趕跑跳碰」的手段，因此，「叫車系統」的出現的確改變了遊戲規則，並造福不少人。不管是三杯黃湯下肚後尋覓歸途、準時的接送機，又或是包車旅遊等等。透過叫車服務比起在路邊碰運氣，著實讓人放心不少。

因為需求的出現，就有了新的生意模式（Business Model）。「小黃」計程車之所以隨傳隨到，就是透過車上的「無線電叫車系統」，當民眾撥打叫車服務電話時，控制中心會將客戶指定的地點與訊息進行記錄，然後透過「車隊衛星定位管理系統」，找尋該區附近的車輛，然後透過無線電通知司機駕車前往。就好像航空站塔台的「航空管制系統」，哪班飛機該降落、起飛，抑或是讓IDF戰鬥機優先升空等等，透過雷達圖與衛星定位，就可以指揮調度與溝通協調機場的運作。

不管什麼樣的東西，只要數量一多，管理問題便容易浮現。不管是管人、管車、管飛機、管船艦、管餐廳裡的客人、管各地的分店、管全球的企業分公司等，透過物聯網的幫助，都可以輕鬆掌控。管理得好，經營規模就可以不斷擴大，客戶滿意度也會扶搖直升。

有人說「管理」是一門大學問，但在物聯網蓬勃發展的今日，不管什麼人事物，都可以裝上感測器並連接網路，以便控管，這是物聯網的重要精神所在。當公車、計程車、警消用車或是油罐化學車等都在完善的控管之下行進，通暢的「移動經驗」會讓你我驚豔，每天上路的心情也會非常美麗。

現代的計程車叫車系統

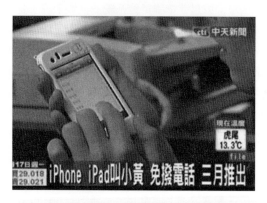

圖片來源：中天新聞

行──隨傳隨到，小黃很厲害

車隊管理系統（Vehicle Management System）
能讓您透過人機介面，即時管理每部車的位
置、行進路線、速度等資訊，甚至判斷與下
一個目的地還有多少距離與預估時間，可減
少燃料、人力等成本支出，並提升效率。

43 行——智慧型運輸系統（ITS）

「智慧公車」或是「車隊管理系統」一般來說主要應用於擁擠的都市環境內，用來紓解交通或是減少個人交通工具的使用。城市與城市之間（Inter-city），則須透過高速公路來連結。此外，在國道之外還有許許多多的省道、縣道、鄉道、產業道路等等。如何從A點到B點「一路順暢」，是一個相當挑戰的議題。

每當過年或是連續假期時，返鄉民眾總是得先「做足功課」才能上路，不然，若遇上大塞車，可是會壞了遊興。「智慧型運輸系統」（Intelligent Transport System），就是透過物聯網的技術來解決日益嚴重的交通問題。

不知各位在高速公路上開車時，有無抬頭關注一下交通指示看板與沿線的號誌系統，甚至注意到馬路上所埋設的一些感應線圈。當車輛開過線圈時，您的行駛速度資訊就會透過網路傳送到行控中心。再加上「風雨霧」等氣象資訊亦同時進行蒐集後，行控中心會依各地回傳的資訊，透過中央電腦彙整後，以圖形化的方式，於網站呈現各區交通狀況或是透過廣播系統來告知駕駛路況。

紅色塞車、綠色順暢，這樣的訊息，民眾們也可以透過手機APP或是上網查詢，在上路前提早規劃路線，或是避開堵塞路段改道而行。同時間若有事故發生或是道路維護工程，行控系統亦將改道資訊傳送至行車資訊看板或是啟動匝道儀控機制等等。道路不可能永遠無限制的拓寬，唯有透過這樣的交控系統，「優化」道路的使用狀況，減少人們時間上的浪費，並提升道路使用效率，才可謂是王道。

此外，當事故發生，例如連環車禍或是降雪、冰雹發生時，智慧型交控系統亦可介入管理，關閉部分道路或是提醒用路人前方狀況，尤其是最危險的長隧道，更有防火、防災及通風系統的加入。再者，喜歡行駛路肩或是違規超速的朋友們要多注意了，道路沿線的大大小小攝影機，均已完成IP網路化與中央控制系統網路連結，違規或是超速，都會遭到「嚴密監視」，「不是不報，只是罰單未到」。

ITS為世界各國大力推行的政策

ITS智慧型交通系統

圖片來源：ETSI

交通顯示看板

ITS（Intelligent Transport System）智慧型運輸系統，是應用最先進的電子、通信、資訊與感測等技術，來整合人、路、車的管理方式，並提供即時（real-time）資訊，增進運輸系統的安全性、效率以及舒適性，同時也減少交通系統產生對環境有所衝擊的污染。

44 行——會講話的「Cars」：車聯網

ITS智慧型運輸系統是透過外在的監控及引導方式來指引駕駛人，並提高安全性，這必須仰賴良好的基礎建設來實現，且其達到的效果是「被動」而非「主動」的。在物聯網的時代，「主動」這件事是另一個突破的關鍵。

馬路上奔馳的汽車，當然也可以裝上感測器並連結網路。當所有汽車都會「主動」彼此溝通時，就像卡通電影「Cars」裡的角色一樣，能夠擁有七情六慾甚至愛恨情仇。一邊行駛時，車子會自動與前後左右的鄰車「交談」，確保彼此走在對的車道上，當有危險出現時，會以比人類更加敏銳的「感官」與「反應」，來避開可能的危險。或是車主醉醺醺上車時，車子自動偵測酒精濃度並禁止駕駛操作等等。

這樣的技術，其實就是透過前後左右的雷達偵測，以及車與車之間的資訊交換來達成。加上自動催油門或煞停功能等，車子可以彼此協調運作，讓行車安全性大大提升。由此技術接下來的發展，便是自動停車或是自動巡航功能了，當所有車輛都可以透過物聯網來協作時，駕駛只需要看看儀表板上的數字與剩餘抵達時間而已。換句話說，「無人駕駛」的時代即將來臨。

「行」這件事，從古至今在人類的歷史中扮演著重要角色，不論是南來北往、國際貿易，或是戰爭時的調兵遣將。「交通順暢」與否，一直都是成敗的關鍵。一家人平常各忙各的，只有在堵車的「時間」與「空間」下，才能好好說上幾句話。在電腦化與網路化的推動下，「塞車」在未來將成為一段美好的記憶。

「車聯網」的技術，會在不久的將來實現在我們的生活中，相關技術的成熟度，均已達到一定境界水準。其最大挑戰將不會是在這些最新最高科技的「靚車」上，而是成千上萬在路上跑的這些「老舊車輛」（相對來說）。就像都更案一樣，新房子大家都想要，但要大家願意拆除老房子，在實施上還有相當大的困難。

會「講話」的車子

圖片來源：Disney/Pixar

雷達偵測系統

圖片來源：Internet

> 「車聯網」是指裝在車輛上的電子標籤通過無線射頻（RFID）等識別技術，透過信息感測網路對所有車輛的屬性和動態信息等進行提取及轉換利用，並對所有車輛的運行狀態進行監管和提供綜合服務。此外，亦可大幅避免人為因素可能造成的事故。

行——會講話的「Cars」：車聯網

93

　　除了「車聯網」，類似技術一樣可以用在其他交通工具上，如火車、飛機、艦船等等，彼此都可以「溝通」，避免危險的發生並提高效率。

　　天上飛的客機，可以依據輸入的目的地自動巡航飛行，透過雷達識別系統，各自飛在所屬的空域，避免碰撞的可能性。此外，海上的貨輪，可以自動導航比對海圖資訊遨遊四海。地表上滿布的火車高鐵，便利的捷運或高架輕軌等等，透過即時的訊息網路進行列車控制，讓一班班的列車都能夠精準且安全的抵達。

　　不管是汽車、公車或是這些所謂的「大眾交通工具」，在未來「行」的需求上，依然會扮演重要的角色。但「分享」（Share）這件事，總是得遷就一些「規則」來進行。飛機的航道、公車的行駛路線、列車的軌道等等，都是在一個「既定的遊戲規則」下進行。在不久的將來，「No Rule」將會成為王道，個人化的物聯網世界，會讓「行」這件事的想法有所不同，想去哪就去哪，不用受限於交通工具，是一個終極目標。

　　「瞬間移動」只出現在電影裡。但現實生活中，有更厲害的點子出現。「移動艙」的概念，讓「自由行」變成可能。透過一條條的「管子」連接著大街小巷或是城市與鄉間，管子的出口，可以是某大樓的Lobby、某個山頂上的瞭望台，或是自己家裡的地下室。就好比打電話以往需要拉電話線，要用電就要接電線一樣，這樣的概念就像是把人塞進管子中的小膠囊後，再透過壓縮空氣來推動，好比非洲土人使用吹箭一般，「呼」的一聲，毒箭就可以被「吹送」到想去的目標。夾艙上帶有物聯網感測器，並與控制中心連結，只要輸入目地的，系統自動可以比對「圖資伺服器」，並規劃出最佳路徑。就像紅、白血球在身體裡流動，該送到心臟還是送到指尖，都可以精準無誤，自由的徜徉於天地之間，無拘無束地遨遊，並非遙不可及的夢想。

「個人」運輸系統

吹箭與膠囊運輸系統

圖片來源：蘋果日報

46 行 —— 停車場耍聰明

家中有一部車代步，是再幸福不過的事，不用像騎機車時日曬雨淋，但每當到了目的地時，這樣的小確幸瞬間就變成大災難了。不但車位難找，不小心就錯過了約會時間，更可能因為違規停車而遭到拖吊的命運。停車問題在繁忙擁擠的都市裡，總是個令人頭痛的議題。

近年來設計新穎的停車場，大多有寬闊的車道與指示標誌，樓層剩餘車位數與車位上的紅綠指示燈，會告訴您車位在哪裡或該往哪裡去。此外，自動化的收費系統，除了停車幣之外，還可用悠遊卡或eTag來計費，比起以往真是方便太多了。

但這樣還是不夠，車輛無限但空間有限，停車場滿了怎麼辦？聰明的物聯網系統早就幫您想到了這點，在馬路上的行車資訊看板，會提供您最近的停車場資訊以及剩餘停車位數量等，協助您做判斷。這樣的概念，就是讓單一停車場內的系統進行資訊蒐集，不但可於停車場內使用並記錄，還可以連結上傳到中央訊息中心，再送到市區內各處的電子看板上，提供給用路人參考。此外，這樣的新式停車場還有一個重要功能，那就是CCTV影像監控與分析系統，透過車牌辨識以及入車出車錄影記錄結合警方系統，讓您的愛車愛停多久就停多久，不讓宵小有機可乘。

停車場除了有平面的、地下的，近年來流行的塔式或機械式停車場，更是讓人驚豔，經由全電腦操作與自動偵測感應，駕駛只要把車開進小框框內，接下來就好像變形金剛般。車子一部部被「吃」進機械停車塔。當要取車時，只要感應磁卡，停車塔就會自動將車子「吐」出來，相當方便。

這樣的概念，就像自動倉儲系統般方便。想要什麼樣的貨品，輸入電腦後，系統自動會協助尋找，並由機器人將貨物「搬」到你面前。在物聯網的時代，「自動化」與「智能化」的發展，讓你我的生活逐漸「輕鬆化」。

各式停車塔設計

圖片來源：Volkswagen

「機械停車塔」的種類很多，基本上可以分為「自走式立體停車場」及「機械式立體停車設備」兩大類。機械式立體停車設備因為其不需要汽車車道，且占地面積較小，能在狹小的巷弄或是侷限的空間建造，因此獲得廣泛使用。

97

47 行——自動洗車，物聯網服務很周到

車髒了，如同人沒洗臉般看起來就沒精神，開個車門或拿個東西，手上也會沾上髒污。這時，找個離家近的洗車廠，三兩下就會幫您把愛車處理得清潔溜溜。不過，人工洗車所費不貲。省錢的人，大概都會到加油站的自動洗車場，花小錢換來改頭換面。

自動洗車場裡有著全電腦控制的設定，愛車只要開上軌道，照著SOP打空檔、放手煞車、收照後鏡，接下來，就交給機器了。在那小門內的空間裡，佈滿許多感應器，透過控制線路，連接到電腦端的人機介面HMI（Human Machine Interface）來感應車體的尺寸，以及前進到哪個位置、毛刷上下左右滾動等等，就像是半導體廠處理晶圓片一樣先進。

自動洗車的概念，也可以應用在清洗火車或高鐵列車。每天操勞的列車總免不了風吹日曬，甚至與一些昆蟲或鳥類來個「死亡之吻」，也是正常不過。超大型洗車機，是最令人驚艷的好幫手。此外，豪宅裡的「SPA蒸汽浴」，是下班後紓解身心的最佳良伴。當您進入沐浴時，除了立即播放悅耳的音樂之外，電腦會自動感應使用者的身分，並掃描偵測您的體型，然後透過機械手臂，以3D多角度、多方向來噴泡沫與水進行清潔，最後再轉成烘乾模式，就像使用吹風機吹頭髮一樣，用暖暖的空氣，去除您身上多餘的水份。結束後，螢幕上則會顯示使用者的身體指數、健康建議，以及使用的水量與電量等等，堪稱是另類「洗人機」。

用過洗碗機、洗臉機、洗屁屁機（免治馬桶座）的人，是否曾思考過，這些設備是怎樣來替人們服務的？物聯網應用在許多大型的機器設備，當然也會出現在小型家電裡。多一分觀察，生活就會增添許多的樂趣。

台灣近年來在自動化機械設備領域上亦有多項突破，不但在中台灣有許多「黑手企業」的成功故事傳為美談，事業版圖也不斷往國際拓展。自動化機械在「物聯網」的世界裡擔當「執行者」的角色。它們的「服務」相當周到，讓您省時省力到做夢也會笑。

汽車與火車的自動洗車機

圖片來源：Subaru/ncrcc

捷運系統與高鐵系統使用的洗車機並不相同，
依照車廂尺寸不同，其所需要的空間亦不同。
不過，基本運作方式等同於一般汽車洗車機，
透過強力水柱與泡沫來沖洗車廂外殼後，再以
人工方式補強。

行──自動洗車，物聯網服務很周到

48 育——遠距教學，破除一切障礙

在古代，上學堂是件幸福的事，一則代表家裡富裕或是屬於上流社會，二則代表沒有住得離學校（學堂）太遠。古代的才子佳人，總是在這樣舒適的氛圍中吟詩作對，留下許多千古絕句，如湖南的「嶽麓書院」，如詩如畫的環境，讀起書來真是一種享受。

到了近代，上學這件事，卻成了年輕一代的痛苦，一早六點半起床，匆匆吃個三明治就得急急忙忙的趕公車去。上完了白天的課程，下了課還得上才藝班或是補習班。填鴨式的學習後，還要面對記憶大考驗的指考、會考或是段考、模擬考，考得天翻地覆之後，還得被學校「因材施教」的分成升學班與放牛班，煞是辛苦。

而這樣的實體學校，或許不再是唯一選擇，「遠距教學」也就在一些「學習不方便」的需求下，成了一個劃時代的突破。學生們可以在家裡吹著冷氣，泡杯咖啡。打開電腦螢幕後，再慢慢沉浸在學習知識的快樂之中。想學電腦技巧，有互動式的介面來指引您；想要輕鬆點，也有一些益智遊戲可以讓您在愉快的闖關中學習到知識；想學英文也有老師跟你面對面，透過兩端的視訊攝影機以及麥克風，可以進行即時的對談，同時，亦可彼此分享電腦桌面，讓學習更有效率。

這樣的概念用在公司裡，就是多方會議或是線上「技轉」到各分公司的最佳方式，也可以應用在解決一些遠端現場的技術問題上。「視訊」本身就是一個理想的感測器，近年來，透過視訊的捕捉，可以做到移動偵測、物件追蹤或人臉掃描，甚至可以對行駛中的車輛進行測速與車牌辨識等等。

在未來，影像技術組合成的虛擬實境，會讓遠距教學的功能達到極致，坐在家裡不但看得到聽得到，甚至大家都可以在虛擬的空間內閒話家常，只差「摸不到」罷了。

過去與未來的「學校」

嶽麓書院　　　　　　　　　遠距教學系統

圖片來源‧再興中學

多點視訊會議系統

圖片來源：Digitimes

透過視訊及分享電腦桌面的功能，可以協助解決客戶現場問題之外，遠距醫療、照護等亦大量運用相關技術。視訊擷取與偵測則用在車輛管理或是保全系統等，視訊攝影機的演進，讓視訊品質已能達到FHD（Full HD）或是4K2K的水準，畫面精細的程度讓人咋舌。

49 育——祕書隨行，超級英雄行不行

很多年前，某牌的電腦辭典紅極一時，人手一機學語文，堪稱時尚。到了現代，手機裡本身就有許多的辭典與搜尋功能，讓學習變得更為簡單且「隨時隨地」，再加上遠距教學與互動式學習，家中傳統辭典字典，已經不知多少年沒有翻閱過了。

新聞中炒得很熱的「谷歌眼鏡」，更是未來一大趨勢。走到哪，需要的資訊即呈現在眼前，就像戰鬥機飛行員的頭盔顯示器或是科幻片裡的「虛擬祕書」一樣，總是能適時地提供主角們充足的資訊，作為行動的參考。資訊的充足與否，常常都是勝負關鍵。

在有錢的大戶人家裡，請個管家是很平常的事，像是電影《古墓奇兵》的蘿拉小姐，就有個管家兼保鏢協助打理家裡；或是早期電視影集《霹靂遊俠》裡的李先生，透過手錶就可以呼叫「夥計」前來支援；在007電影裡，帥氣的龐先生，也是透過手機就可以躺在車子裡操控車子；到了近期，《鋼鐵人》裡的東尼先生，亦有一個隨身祕書兼武器官「賈維斯」（Jarvis）幫助他度過難關。

隨著時代的演進，電腦也從80286進化到八核心高階處理器或超級電腦，這從電影裡也可看出端倪。一個超級英雄的背後，除了有個美麗又偉大的女人（但這女人總是很忙，因為通常都會被壞人抓走），另一個幫手就是電腦系統的「行動祕書」，可以幫助英雄們處理大小事。物聯網裡的「雲端伺服器」，其實就是扮演這樣忠心耿耿、「知無不言、言無不盡」的謀臣角色。

人總是有七情六慾，「大難臨頭各自逃」的狀況時有所聞。但電腦或機器並沒有忠誠度的問題，也可以說是「永遠忠誠」。在最危難的時刻，總是得相信電腦而不是相信人為的判斷，在許多的空難事件中即足以證明。「行動祕書」，未來將是人類最忠心的好朋友、好祕書、好搭檔。

007電影裡，主角使用的「特殊道具」，總是能在最危險的時刻協助龐德先生度過難關。像是電子發報機、鋼筆炸彈、鞋子電話、聰明的跑車、智慧手錶、防火西裝、皮帶等。其將物聯網融入生活化應用，堪稱先驅。

50 育——「學校」都不學校了

雖說遠距教學解決不少問題，也克服了時間與地域的限制，但是學校能夠帶給學子們的「群體生活」，或是面對面的「諄諄教悔」，卻是無可取代的。畢竟人類是群居的動物，當一個人走在無人的街道或是森林裡時，總不免害怕且缺乏安全感。

未來的學校裡，書本將不再是主角，填鴨式教學也會隨著時間慢慢走過。取而代之的，會是群體活動及參與相互討論的樂趣。甚至戶外就是最好的教室，在蟲鳴鳥叫與潺潺流水之間，體驗大自然的奧祕。

近年來，「觀光工廠」也成了另類教育資源。學生們可以在現場透過「多媒體」教學以及參觀生產線，了解發展的歷史與產品製作過程。新一代的博物館，更是集物聯網之大成。大小朋友們可以於館內「手作」或是「實境」體驗科學的奧祕，比起過往乏味呆板的參觀展館有趣多了，這些樂趣十足又能親身體驗的設施與道具，都是透過物聯網的技術加以實現。

在2010上海世界博覽會的台灣館中，民眾就可以透過影像捕捉技術以及互動式的機關設計，跟大家一起施放天燈或是體驗「4D」電影。想要傳達祝福給遠方的親友，也只要動動手指，拍張大頭貼，系統就可以幫您合成影像、寄封e-mail或是列印成紀念T-Shirt等等。

這樣的技術，讓筆者想起過往攀登長城的記憶，一堆「小蜜蜂」爭相拉攏觀光客拍張「不登長城非好漢」的石碑，但下一句「登上長城直流汗」卻是說得更實在。只要爬個一小段，包您氣喘如「牛」。據說，能夠爬完整段長城的，中國僅一人，且花了六年時間才完成。

對比之下，在現代多媒體展中，「登長城」這件事真是再簡單不過的。只要在攝影棚中綠色布幕前輕鬆自在的擺出「太空漫步」姿態，不一會兒，襯著優美音樂及中文字幕的「長城攀登全紀錄」已然完成，完全看不出破綻，想去哪旅行？完全不再是夢想。

在生活中學習

森林小學

觀光工廠

圖片來源：造紙龍觀光工廠、興隆觀光工廠

育──「學校」都不學校了

台灣有許多觀光工廠資源，近年來，已成為觀光產業的一大趨勢。舉凡食品、美妝、居家用品、甚至是文具用品等等，這樣的嶄新概念，在傳統產業的不景氣中，已然創造另一片藍海。

51 樂 — 轟轟烈烈的戀愛，從上網開始

在物聯網的技術下，登長城成了一件簡單的小事，就算是登上喜馬拉雅山也易如反掌。攝影機鏡頭在物聯網技術中獨樹一格，成了一種強大且特殊的感測器。

人體的感官中，眼耳口鼻或是皮膚，都是人體的「感測器」。其中靈魂之窗的眼睛更是重要。在物聯網的應用上，透過攝影機來代替人類的眼，已是相當成熟的科技。讓我們不但可以看得更遠、更快，還可看得更小以及更久。

十多年前跨海相親相當流行，當事人總是要坐不少次飛機，彼此才能有些許進展。之後透過網路交友，也只有「純文字」模式的BBS電子佈告欄可用。到了現在，透過攝影機及網路系統，即使相隔十萬八千里，一樣可把對方臉上的青春痘照得一清二楚無所遁形。

透過網路來尋找愛情，從十年前開始，一直是年輕人的一個「主要輔助管道」，隨著工作的忙碌與壓力，這樣的需求越是強烈。當然，網路詐騙、網戀或網路成癮的話題也從未停歇。科技本無罪，端看個人如何使用它，就會有不同的結果。透過視訊與遠方思念的家人對話見面，或是妻子對出差至遠方的丈夫表達關懷，都是在物聯網的「鵲橋」上完成。在茫茫人海中尋找適合的對象，真是相當不易，科技的輔助固然是必要的，但自己的思考判斷還是最重要。

物聯網只是一個管道，但人類終究需要面對面接觸與談話，才會有感情（Emotion）的產生。透過視訊與聲音，雖說可以表達心意，但僅止於訊息（Information），還是不如面對面來得好。即使在資訊如此發達的年代，談戀愛這件事跟業務從業人員依然沒兩樣，「勤跑才會有成績」是不變的真理，「見面三分情」這句話是禁得起歷史考驗的。

上網找真愛去

BBS電子佈告欄

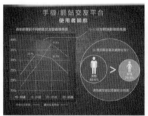

網路交友平台

圖片來源：BeeTalk／邑戀在線

> BBS電子佈告欄，是十多年前最廣泛使用的交友與訊息傳遞工具，透過Modem撥號連結上網後，以純文字的模式來溝通訊息，多年後依然歷久不衰。想要放鬆心情看文章，或是與陌生人搭訕聊聊天，純文字依然魅力無窮且值得細細品味。

52 樂——虛虛實實、假假真真 「玩到瘋」

　　愛玩電玩的人都知道，與世隔絕的快樂與聲光效果的饗宴，在現實環境中是無法擁有的，在電玩的世界，也由過去的2D進化到3D，甚至到4D體感，在軟體與硬體雙雙提升下，玩電玩真可說是一種頂級享受。

　　此外，雖說打電玩容易成癮，甚至虛擲許多光陰，但其實也不得不承認這是一個紓解壓力的好方法，畢竟在公司裡常常得忍辱負重，為了五斗米折腰，下班回到家，終於有了自己的時間，讓自己變換個角色，進入虛擬世界轉換個心情。

　　背起寶劍穿上盔甲，君臨天下或是當個江湖大俠，遊戲中的你我，不再有階級之分，只有「等級」之分，即使現實世界裡外貌平凡也不要緊。在虛擬的世界，個個男的帥、女的俏，還有著一身好功夫跟魔法，想要不被吸引，還真的不容易。

　　許多電玩除了透過螢幕之外，也加入物聯網的元素，透過手上的穿戴感測裝置以及視訊影像擷取，拿著手上的球棒，就能與洋基隊的投手對決，或是跳跳熱舞、敲敲鼓，甚至還可以磨練高爾夫或釣魚技巧，比起只看著螢幕動手指，相對健康了許多。

　　現在的室內虛擬高爾夫球場，270度環景投影螢幕，加上電動感應傾斜的地板與發球機，擬真指數高達80%。您可以帶著自己心愛的球桿，與三五好友同場較勁，不用擔心下大雨或被太陽曬昏頭。此外，老人家也沒閒著，想要下棋或是打牌，都可以在家透過網路加上視訊達成，不用舟車勞頓，也不怕長期抗戰（可存檔）。

　　未來人們與機器的互動將會更為頻繁，虛虛實實、假假真真。在室內高爾夫打得好的人，到了真實的球場不見得能有同樣表現。有時在大自然的輕風吹拂下和著汗水淋漓的快感，也是人生一大樂事。

樂「此」而不疲

3D實境電玩與室內虛擬高爾夫

「電動玩具」從最古老的掌上型遊戲機，到接上電視的任天堂紅白機等，隨著時代的發展，電玩主機的處理器能力也越加強大，2D/3D畫面的逼真程度也不斷提升。擬真的程度，讓角色的頭髮與汗珠都能細膩呈現，噴血爆漿的血腥場面也能嚇到不少人。現在推行的電影分級制度，也應該在電玩上實施，避免青少年玩遊戲時身心受到影響。

53 樂──宅男的救星，虛擬情人

在「虛擬實境」技術愈趨成熟的今日，將其應用在電腦動畫或電影特效上，已是司空見慣。透過影像的組合加上特效製作，再平凡的人都可以長出翅膀飛起來，或是發動「龜派氣功」來打擊敵人。再不久，若是您想要摸摸恐龍或是探索火星，透過這樣的技術都可以輕鬆辦到。

但話說回來，人類畢竟是情感的動物，最關心的並不是遊戲玩樂或藝術科學。情感問題，才是物聯網發展後最難以征服的重點。電影《AI人工智慧》中，描述人類滅絕之後，一個機器人小男孩幸運地從人類浩劫中「存活」下來。看著過去母親留存下來的影像，但卻再也無法擁有母愛的關懷。機器人理論上應該不需要母愛，但高度智慧化的機器人會不會有擁有情感的一天，沒人知道。但可以預期的是，機器人會「越來越像人」。

當物聯網的所有感測器發展越來越接近人類時，機器人的攝影鏡頭可以像人的眼睛，內含溫壓感測器的「擬真橡膠」取代人類的皮膚，氣體、液體偵測器或是聲音接收器與喇叭，就分別扮演著其他器官，最後裝上「AI人工智慧」，帶有自動學習及模擬功能的機器人會不會取代人類？答案是肯定的。差別只是在於長得像不像「人」，這個審美觀問題罷了。

另一部電影《我的機器人女友》，描述一個宅男科學家創造了機器人女友，甚至可以從未來回到現在來解救男主角。這樣的女友不但力大無窮，還可以陪您談情說愛，沒電了自己會去充電，豈不妙哉？

電影情節看起來很扯很科幻，但在物聯網的快速發展下，或許很快就會實現了。比起電動車，誰都更想要這樣的一個機器人女（男）朋友，不是嗎？

樂——宅男的救星，虛擬情人

機器人或機械手臂一般用於工廠自動化。可將一些重複且無趣的工作交給機器來執行，效率會比人工來得更好。或是用在一些危險的救災場合，機器人可以代替人類前進災區或是執行特殊任務，發展無可限量。

54 樂──行動支付的時代來了

花錢會讓人手軟，但「刷卡」可能就會不經意的讓人失去了控制。前面提到的吃喝玩樂，總是需要花錢消費。手上捧著新買的商品，還得從包包裡拿錢付帳，煞是麻煩。因此，物聯網的技術在「付費」這件事情上，可有相當大的著墨。

行動支付的時代已經來臨，出門時，口袋裡再也不需要裝著大把鈔票。以往，一卡在手樂趣無窮，「刷卡」這件事，就是物聯網常見的應用，透過卡片上的晶片，感應到讀卡機，然後透過網路將資料與遠端金融中心做比對，進行扣款動作，這一切在你我生活中已然相當平常。到了最近，晶片不僅做在信用卡上，更可以直接內建於手機裡或是其他的行動裝置中。

NFC（Near Field Communication）近距離無線通訊技術，近來在市場上相當風行，其可在您的手機與其他 NFC 裝置之間傳輸資訊，具備低功耗且一次只能對一台機器連接的「感應配對」方式，以及連接速度快、安全性高等優點。此外，還可以共享您手機內的網址、手機通訊錄、音樂、影片相片或檔案等。只要將您的手持式裝置移動到機器旁，就可以感應扣款。現代人什麼東西都有可能會忘了帶，就是手機不會忘，這樣的功能，對忙碌的現代人來說相當便利，用手機就可以去超商買東西、乘坐大眾運輸工具、購買電影或火車票券等等。

這樣的技術，讓原本的信用卡付款機制進一步提升，減少等待時間並提高效率。但缺點亦如同信用卡一樣，掉了就是麻煩，且現代3C商品汰換率相當高，在轉換與通訊協議共通性上，還有許多技術等待突破。

談到用錢這件事，總是讓人又愛又恨，有錢也煩惱、沒錢也煩惱。花錢時，能否感受到快樂，大家的定義都不同。隨著付錢的方式越來越簡便，「嗶」一聲，錢就這樣消失了。或許對某些人來說，並不是一件好事，因為當收到大筆帳單時，又將是一個苦惱的開始。

「刷卡」的歷史，可以追朔到19世紀末的英國，當時為了用餐、旅遊、購買商品的需求，因而發展出「記帳消費」的方式，這就是最早的「信用卡」。到了現代，透過POS機刷卡或是晶片感應的方式，就可以輕鬆執行扣款或是簽帳消費。

NFC

　　NFC（Near Field Communication，近場通訊，又稱近距離無線通訊）是一種短距離的高頻無線通訊技術，允許電子裝置之間進行非接觸式點對點資料傳輸。

　　使用 NFC可在您的手機與其他 NFC 裝置之間傳輸資訊，例如手機、NFC標籤或支付裝置，共享網址、通訊錄、電話號碼、樂曲、影片或相片。NFC標籤是經過程式化設定的小型資訊區域，可內嵌於海報、佈告欄公告或零售店面的產品旁邊。觸碰標籤即可提供其他資訊，例如地圖、網址和電影預告片。當兩個NFC裝置相互靠近，即可啟動NFC。

　　NFC是由PHILIPS、NOKIA與SONY共同研發的技術，原理是使用單一晶片，結合感應讀卡器、感應式卡片，利用點對點功能，在20公分距離內，以13.56MHz頻率範圍運作進行交易存取，最常見的應用有如捷運悠遊卡感應。NFC的無線連接技術，可以和目前現有的非接觸式智慧卡技術相容（例如免接觸式射頻識別「RFID」）。由於目前NFC已經漸漸成為多家主要廠商提供支援的正式標準，因此NFC同時還是一種近距離連接協議，允許各種設備在彼此之間輕鬆、安全、迅速而自動的通訊和傳遞資料。與無線世界中的連接方式相較，NFC是一種近距離的私密通訊方式。

　　透過將NFC整合在手機系統的解決方案中，手機的可用性、多功能性及附加價值大幅提升，未來利用手機安全付費、對等連接以及身分辨識等都將成為現實。

（資料來源：維基百科）

第四章
工業用物聯網

圖 說 I o T 物 聯 網

55 智慧溝通──工業物聯通訊

通訊在一般生活上是用來進行人與人之間的溝通與聯繫，而工業物聯網的通訊，則是用在機器與機器之間的交流與控制。其使用的網路技術，本質上與商業用的網路並無不同，但就其傳遞內容來說，卻是大大相異。常見的技術，如無線電微波、紅外線、串列通訊、2G/3G網路、工業乙太網路等等。

機器之間，聽不懂中文、英文還是拉丁語，它們聽的是機器語言（Machine Language）或是命令（Commend）。好比說，請一個機器人「端個盤子走過來」，人類聽到指令之後，可以在2秒鐘內順暢完成，但對機器來說，就需要一連串指令。步驟像是：1.攝影機進行物體偵測，判斷其尺寸大小與所在位置高低差，比對後選取處理模式；2.機器手臂橫向移動，再以向下俯角75度接近物體；3.以10磅的力度控制夾具夾取物體；4.機器人迴旋轉體180度；5.步進馬達驅動輪軸向前位移3公尺等等。這樣複雜的指令，必須透過機器人體內的通訊系統來協調完成。哪個動作先後順序一旦錯誤，或是機器人體內的大小馬達連動錯誤，可能會讓盤子滿天飛舞也說不定。

工業通訊主要重點就在於資訊傳遞的快速以及精準度，這些資訊在機器間傳遞協調運作，當時間差從毫秒（us）到微秒（ms），當精準度從8bit到16bit，產品的產出率可就大大不同了。另外，工業用通訊所要求的穩定度與資料準確率，也與一般商用的大大不同，系統安裝下去，一用就是數十年，與汰換率很高的手機不同，技術或許不是最新的，但成熟與穩定度一定得是最高標準。以往汽車工廠，製造一部車需要花上一整天的時間，到了現代，隨著精準度的提升與機器人的幫助，透過機器間相互溝通協調，在輸送帶上生產的汽車，一天能有數十台到上百台汽車的產出，可謂是再平常不過了。

機器與機器之間，沒有感情的牽絆，不會喊累更不會吵架。只要設定彼此間的通訊方式，大家講一樣的「話」，未來的機器人不但會跳舞彈琴，更會心靈相通。

機器人生產線

圖片來源：研華科技

工業製造過去多為人力密集的產業，生產工具也較為陽春，因此除了生產效率低落之外，還需要花費大量的人力成本。後來在高度自動化生產方式的蓬勃發展下，機器逐漸取代人工來執行單調無趣且重複性高的工作，而未來在3D列印的技術持續精進下，生產這件事將簡化成只剩下「設計」與「自動化製造」兩個步驟。

56 智慧電網——「供」與「需」的平衡

第四章 工業用物聯網

　　數年前在哥本哈根的聯合國氣候變化會議，大家都在互唱高調。既沒有結論，也沒任何的改善方法，到了2014紐約的全球氣候變遷峰會，才勉強擠出一些共識跟目標。人類總是不見棺材不掉淚，即使有了這「人類的一小步」，地球溫度還是不斷上升，已幾近失控的狀態。

　　其中，造成全球暖化的「溫室氣體」，絕大部分來自人類用電的歷程。「電」是十八世紀以來最重要的能源，其本身雖是一種相當乾淨的能源，但其產出的方式，絕大部分是不環保的，火力發電占各國發電量70%以上，產生了大量溫室氣體，是暖化問題的主因。

　　世界各國現今所使用的電網系統與架構，依然是上個世紀時的設計，無法整體監控與調配「供」與「需」，而造成大量資源浪費。這樣重要的基礎建設，無法符合現今需求。因此，「智慧電網」（Smart Grid）就是用來解決這樣的議題。

　　智慧電網，基本上就是將物聯網的技術應用在既有電力系統上，以達到監控並提高效率的目的，一般來說，電力系統分為「發」、「輸」、「配」、「用」四個步驟。發電廠產生電之後，為了傳送到遠方且減少損耗，必須將電壓提升，然而越接近用戶端，電壓便需逐漸下降，最後送到工廠或是家戶之中。監控這樣的完整供需流程，就是一個龐大的物聯網體系，無數的設備與感測器，透過各式的網路串聯起來，彼此分工合作，提升效率、減少損耗。

　　舉例來說，要了解家中的用電，就是去看看在牆上或地下室的電錶。每個月電力公司的工作人員都會到社區或工廠「抄錶」，查看使用了多少度的電，然後將帳單寄到家裡。在物聯網的時代，電錶紛紛連接網路，讓電力公司能夠立即了解用電狀況。當千千萬萬個電錶都可以同時被監控之後，發電廠或電力調度中心就可以將發電與用電的效率調配到最佳狀態。

智慧電網系統

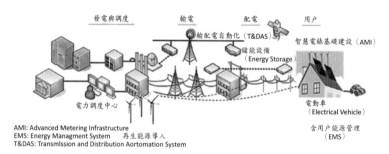

智慧電網

圖片來源：資策會

57 智慧能源管理——節能節費有一套

在智慧電網的概念下，能夠即時知道「需要」多少電，發電廠就只要「供給」多少電，是一個終極理想的狀態。當然，事與願違，所有系統都得保留一些「餘裕空間」。當颱風下雨或是有人開車撞倒電線桿時，電力調度中心就會立即發現狀況，讓故障區的電力轉調到其他區域，故障排除後，再進行復電。

這種「雙向溝通」（Two Way Communication）的概念，讓發電端與使用者端透過物聯網的設備蒐集和即時的控制，達到節省能源、提高效率的目的。此外，若是家中裝設太陽能板與風力發電機，每天、每月所產出的電，也可透過能源管理系統清楚得知。產出的電除了自家使用之外，還可以賣給鄰居或是電力公司。

所謂的「能源」，不僅止於電力，像是家中使用到的天然氣、屋頂上的太陽能熱水器，或是寒帶國家的暖氣系統，都是家中「能量」來源。除了電錶之外，水錶、瓦斯錶、暖氣使用錶等等，都能透過物聯網加以連結，並納入居家能源管理系統中，透過追蹤、記錄與警示，避免超額使用或是浪費。

同樣的概念，除了居家之外，商場或是辦公大樓也是能源管理的重點。一個大都市之所以會「過熱」，主因多半來自耗能的車站、商辦大樓或是百貨商場。透過管理的方法減少浪費，積少成多下，累積起來也會相當可觀。

每每遇到核電廠議題時，抗議聲浪總是不斷，然而，要大家節約用電，又好像要大家的命一般。如果筆者能夠當選環保署長，首要倡議的就是夏日著輕裝上班上課，冷氣於夏令時節禁用兩個月，再來，用電大戶的公司企業電費補助全部取消。這樣一來，台灣核電廠應該都可以除役，火力發電廠也應該可以少個三分之一，大家豈不開心！

地球上的資源總是有限，人類消耗能源的速度也從未減低。該怎麼辦才好？答案就在你我心中，無須多言。

自動化能源管理

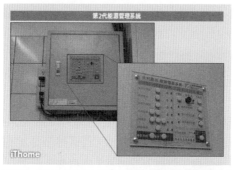

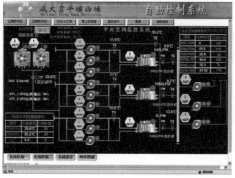

大樓能源管理系統

圖片來源：iThome／成功大學

《世界又熱又平又擠》一書，提到我們正處於一個歷史轉捩點上。油價居高不下、恐怖主義威脅不減、全球暖化持續加溫、物價漲聲不停、全球人口激增、物種嚴重滅絕，再加上海嘯、洪水、乾旱等自然災難頻傳，世界失控的程度，遠遠超乎我們的想像與理解。

58 智慧電子商務——在家「Window Shopping」

「賺錢，是一件很簡單的事，我怎樣都想不出來，為何大家都苦哈哈的賺不了錢！」如此狂妄的語句，出自筆者的一位摯友。他號稱自己是「地表上最強的男人」，沒有他賺不了的錢。話說他的專長，就是21世紀的革命性改變「電子商務」（E-commerce）。

在家裡就能逛街買東西，對懶得出門的民眾真是一大福音。不管是哪個百貨公司，商品加一加絕不下於數千件甚至萬件，但比起網路商店來說，那可真是「小Case」。無國界的網路，正是最大的百貨櫥窗，數以幾十萬計，甚至億萬計的商品，都可以透過小螢幕瀏覽。要買什麼東西，都可以透過搜尋引擎鍵入關鍵字，數百件來自世界各國的商品排排站任君挑選。甚至還有產品的使用評價與評分，提供作為購物參考。

電子商務的「大鯨魚」阿里巴巴（Alibaba）之所以那麼成功，就在於它掌握了趨勢。類似的經營模式，其主要目的都在於「解決問題」。購物的樂趣與體力的耗費總是相互拉鋸，「貨比三家、嫌貨才是買貨人」，是大家都知道的道理，但要找齊三家店都有一樣的商品，還真是件不容易的事。而這些問題，都可在電子商務系統上輕鬆搞定，還能網路下單，24小時貨送到府。

除了買東西，還有很多的事都可以透過大數據庫與雲端網路來處理。像是訂購旅遊行程、買機票、火車票，或是買房子、車子、遊艇、噴射機，無所不包，想買什麼，上網瞧瞧就對了，實體店面會不會就此消失，沒人說得準。

當然，電子商務也有不好的一面。網路時代中，好東西、壞東西，只要有「需求」，就會有人出來做生意，如販賣色情光碟、網上簽賭、金融駭客等，層出不窮，詐騙集團利用物聯網及訊息欺騙民眾，美國好萊塢大明星放在雲端的私生活照片流出，都是物聯網快速發展下的一大隱憂，而「電子警察」也就應運而生。

On-Line Shopping

電子商務平台

圖片來源：詮通電腦

購物網站系統

圖片來源：PChome

線上購物隨著販賣商品的不同，也有著專業性的區別。販賣「人才」的人力銀行、賣房子的、賣服飾的、賣汽車的等等。資訊的豐富度與人們對實用性的需求，是該網站成功的關鍵，甚至在社會福利與慈善救助品方面，都有網路平台可以使用。

59 智慧警察——打擊犯罪無遠弗屆

時代在進步，人們腦袋裡的「壞因子」卻從來沒消失過。不論是窮困的國家或是先進國家，好人與壞人、正義與邪惡總是不斷駁火交戰。電影裡，震撼的警匪槍戰或是飛車追逐，每每都讓人熱血沸騰。但現實總是殘酷，如何提升打擊犯罪的能力，且不讓辛苦的警務人員陷於危險之中，是首要課題。

電影《機器戰警》裡，身著盔甲的鋼鐵警察刀槍不入，但一般的警察，身上穿了防彈衣都不見得能夠保命。所以，能夠在遠處就追蹤壞蛋，再一口氣以口袋戰術包圍，才是上上之策。隨著CCTV影像技術的提升，配合網路系統的連結，不管是「天羅地網」，還是「天眼」，都是警察同仁的最佳夥伴，一旦犯罪情事發生，警方第一件事就是先調閱路口監視器或是鄰里辦公室的攝影系統「看個仔細」，看看壞人模樣有無特徵或其使用的交通工具，以協助辦案。

此外，在民眾舉白布條的場合，辛苦的警察們也得以肉身抵擋，或是農民發現了未爆彈、在捷運被放置了爆裂物等等，常常都讓警察同仁們陷入危險之中。在物聯網時代，「機器戰警」不只是個夢想，在危險的工作或是場合，無線遠端遙控的機器人是「最佳人選」，現在的警用機器人不管是空拍蒐證、前進危險場地、鑽地道、爬樓梯，或是用機械手臂拆除爆裂物等等，均減少警方人員暴露在危險中的機會。

再者，在警方後勤體系之中，龐大的犯罪紀錄與鑑識資料，都存放在大型資料庫中。透過大數據的幫助，也可以讓警察及時抽絲剝繭找出真相。而警察手上的手持式裝置，只要鍵入身分證號碼或車號，相關資訊都可以立即從遠端資料庫送達，相當便利。

俗話說：「道高一尺、魔高一丈」，而有了物聯網的加持，就要改為：「魔高一丈、道高十丈」了。

警用或消防的特殊裝備，在平常似乎使用不到。但在災難或危險狀況發生時，這些裝備就會派上用場，像是地雷感測器、生命感測器、毒氣偵測器，或是紅外線夜視裝備等等，都是屬於感測器的應用領域。

60 智慧工廠——第三次工業革命

　　自農耕時代進化到工業時代之後，各式工廠如雨後春筍般出現，且不間斷的「大量」生產產品，比起過往的手工、人力來得有效率且省成本，智慧工廠，亦是物聯網發揮的場所。

　　工廠內所需要的「水、氣、化、電」系統，都是工廠快速生產的關鍵。「水」有海水、淡水、廢水、循環水、冷卻水；「氣」有高低壓空氣、氮氣、氧氣、廢氣；「化」有化學原料、染劑、催化劑；「電」有高低壓電、備用電、發電系統等。

　　一座現代化的工廠，需要搭配數十套不同功能的系統（System）協同運作，才能讓工廠順利且安全的營運。工業物聯網不僅連結著相關的生產設備，還得鉅細靡遺地將所有生產資訊與設備資訊回報給管理者，以免錯誤或是降低設備的故障率。此外，除了「主系統」用來生產之外，相關的輔助系統亦不少，例如：防火防災用、抽風排污用、照明與運輸用、人員安全與控管用等等，且依產品與產業類別，有著許多「獨特性」。

　　不管是哪種工廠，生產哪樣產品，對老闆來說，「成本控管」總是第一優先。工廠如果塞了滿滿的工人來看管設備儀器，或是進行一些單調且重複的動作，人事成本與獲利能力將會是一座山的兩邊，一個節節上升、一個不斷下滑。這些大小系統裡的大小設備、感測器、控制器，透過物聯網的連結，傳送到控管中心，「全年無休」不間斷的生產，對自動化現代工廠來說是第一要務。

　　一次性的投資後，工廠便可以不間斷的進行生產。就像印鈔機一般，讓鈔票如雪片般飛來。物聯網智慧工廠是第三次工業革命，讓瓦特、富蘭克林、愛迪生、阿基米德這些高手得以齊聚一堂相見歡。

分散式控制系統（DCS）是工廠內用來管理生產流程與
操作設備自動化的「主要系統」，透過精密的控制，讓
工廠可以順暢運作，並達到設定的生產量。在主系統之
外，也有許多「輔系統」協助主系統執行生產流程，像
是進料系統、供水系統、電力系統、排污系統等等。

61 智慧金融──每秒鐘幾百萬上下

　　ATM是一個大家都熟悉的名詞。有了它，我們再也不用身懷鉅款跑來跑去，更不用聘僱保鑣隨身保護，它就坐落在大街小巷、甚至每間便利商店內。當我們輕輕鬆鬆領錢時，物聯網正把這些金融資訊以「光速等級」傳遞中。

　　一部ATM提款機，正是物聯網的整合縮小版，透過印表機、鍵盤、螢幕、點鈔機、讀卡機、攝影機、電腦、電源系統等設備的相互連結，提供立即服務。信用狀況與帳戶資料也在您操作ATM的當下，立即傳遞到銀行總部與信用卡中心。

　　金融的世界瞬息萬變。眨眼之間已經是幾百萬上下，每個人的心臟都要鍛鍊得相當有力。近年來號子裡的盛況不再，許多營業員只能另尋出路。最大原因就是施行「電子下單系統」，透過手機App或電腦連線，線上就可以進行買賣交易，還可以透過「Big Data」，讓過往的紀錄與走勢清楚明瞭，協助投資人判斷與下手，相關公司訊息或是背景資料，也可伴隨著呈現。

　　甚至更誇張一點，排除人為操作股匯市、天災人禍、國際情勢等因素，不想花時間、力氣的投資人，只要將手中持股設定自動模式，「低買高賣」這個簡單原則透過程式設定，機器就可以24小時全年無休的幫您自動賺錢。就好像玩線上遊戲的玩家使用外掛程式，不管是在睡覺還是在上班，都會拚命地幫您練功闖關。透過物聯網賺錢，就像病毒蔓延般迅速且兇猛，在不久的將來應該會爆發相當的熱潮。

　　在可見的未來，金融服務或是商品，只要是好點子、好想法、好服務，都可以透過物聯網的快速傳遞來達成。屆時，大家手中的紙鈔都不再重要，轉變而成的是，一張張晶片卡以及隨處可感應的物聯網終端機，銅板或紙鈔將只能成為博物館中的展示品，或是骨董愛好者的玩物。

滿佈大街小巷的ATM提款機

圖片來源：Internet

電子下單系統的發展相當快速，在網站系統上，可以透過互動式的技術，打造直覺式的訊息呈現與操作。像是觀看電視解盤節目、股市資訊跑馬燈、股票漲跌趨勢圖等訊息，都可在同一個介面中輕鬆取得，也讓更多銀髮族或不熟悉網路操作的人可以減低進入障礙。

62 智慧環保愛地球

　　環保議題一直是維繫著延續人類命脈的重要一環，我們只有一個地球，每個人都必須要好好愛護它。然而，環保科技並不是僅僅回收保特瓶或是多種幾棵樹那樣簡單。

　　近來，國際間天災頻仍，溫室氣體造成地球升溫以及劇烈的天氣變化，讓人們苦不堪言。該下雨的時節不下雨，該是收成的季節颳颱風，溫帶國家下起雪，寒帶國家熱到翻。因此，各國氣象單位在全球各地，設置了許許多多的觀測站點，一間間白色小屋裡，有著溫度計、濕度計、甚至輻射計量感測器等等，透過2G/3G網路回傳到氣象中心。經過長時間蒐集這些氣候變遷資訊後，就可以了解地球到底是生了什麼病。就像是醫生拿著聽診器，在我們身上東聽聽西聽聽，有什麼毛病出現，總是會有一些「異狀」可循。

　　此外，從根源著手，就是減少溫室氣體的排放。像是CO_2排放最大宗的傳統火力發電廠，漸漸會被較高效率的汽電共生廠，或是其他如水力、風力等「乾淨能源」所取代（核電廠亦為乾淨能源的一種）。除了植物本身的「光合作用」，可以吸收大氣中CO_2的「固碳技術」也在抓緊時間研發中。當然，多吃疏菜少吃肉也很重要，因為動物（豬、牛等）所排出的沼氣，也是製造溫室氣體的大宗。

　　再者，智慧交通系統如果能加以實踐，減少開車，多利用大眾運輸工具，就可以減少溫室氣體的排放，並還給大家一個乾淨的天空。中國北京每每都遭受空氣污染及霾害的侵襲，就是肇因於工廠與汽機車排放大量廢氣；再加上從西北邊沙漠來的沙塵，更是雪上加霜。

　　身處台灣的我們，雖然面積狹小，但卻也是排碳大國。為了留給後代子孫美好的家園，有賴你我身體力行減碳。

智慧環保愛地球

植物的「光合作用」是「碳固定」（Carbon Sequestration）的主要方法。目前許多科學家正努力找出更有效率的方式，以解決溫室氣體的問題。包括：透過化學的方式轉換、以特殊藻類來分解CO_2，或是加壓成固態深埋在地底等等。

智慧防災——「預防」重於治療

俗話說「預防」重於治療，當地球生病時，要來治療它就不是一件簡單的事。生活在舒適中的人們，對於大自然的力量，永遠不能小覷。天有不測風雲，人有旦夕禍福，坐在家裡，都有可能被掉下來的飛機K到，更不用說這些自然災害。

在狹窄多山的台灣，最怕的莫過於颱風與地震了。其實，透過提早預防，可以減少人員的傷亡與財產損失。近來，防災意識漸為民眾所了解，政府也透過物聯網體系，在山區或是海濱建立起警戒網，當地震發生，觀測中心可在短時間內測得震度與震央等資訊，並透過大眾廣播系統來疏散山區或是海邊民眾；颱風造成雨量過大時，也可以通知民眾及早撤離，避免土石流的危害。

數年前台北捷運在颱風天發生淹水事件後，才知道防災的重要，災難發生後，開始建立隧道防水柵欄系統，並加速防洪排水工程；頗負盛名的威尼斯水都及許多太平洋島國，也在海平面上升後即將消失；日本東岸原以為萬無一失的加高海堤，也在海嘯過後化為廢墟。防災的能力與等級，勢必得重新考量未來20年以上的可能性，以因應下一波挑戰。

韓國的船難事件發生時，船上廣播還在請大家在原地不動，造成數百人傷亡；反觀天崩地裂後的日本人依然可以依序排隊，不吵不鬧等待救援。對比之下，人類自己本身才是災禍的根源，比天然災害更可怕，生活在富足社會的人們，若缺乏足夠的防災意識與觀念，就會有無止息的悲劇發生。

曾有媒體訪問國小學生，地震來臨時，該做什麼事？得到的答案卻讓人出乎意料，像是趕緊「打卡」，讓救難人員知道人在哪，或是打電話叫爸爸來接……等等。老師教的也不太正確，殊不知「躲在桌子下」已是過時的錯誤知識，讓人不禁捏把冷汗。

智慧防災——「預防」重於治療

土石流警戒系統，是利用安裝在各主要山區的雨量蒐集系統資訊，來判斷發生土石流的可能性。當雨量超過警戒值，政府單位就會發布土石流警戒區警示。此外，土石流現場觀測系統（Monitoring System）亦相當重要。透過雨量計、鋼索檢知器、地聲檢知器、紅外線攝影機（CCD）等儀器，進行土石流潛勢溪流現場動態的即時觀測，以保證人們的生命財產安全。

64 智慧生態保育 —— 動植物的救星

台灣是一個寶島，不但有優美的自然環境，更有許多讓世界驚豔的物種，像是台灣黑熊、藍腹鷳、黑面琵鷺等等；在山區裡，也有著許多千年的大神木與溫寒帶林種。這樣得天獨厚的地方，在世界各國中實屬少見，因此在生態保育上尤其需要重視。

物聯網，真可謂無所不包，連生態保育都得靠它，無論是追蹤魚類的洄游與棲息、森林大火之後的復原狀況，或是觀測大貓熊的繁衍。在這些保育動物脖子上的項圈或是手腳上的塑膠環，均帶有感測晶片以及無線發射裝置，讓科學家能夠長時間追蹤並觀察生態的變化。

像是中華白海豚就是台灣海域活動的保育動物，漁民稱之為「媽祖魚」。牠們一年四季都在台灣中部沿海活動，但只要一到農曆3月媽祖生日、東北季風減弱後，就能看到牠們的身影，好像特地來為媽祖祝壽般，這僅存的一百多隻嬌客，正需要最新的物聯網科技來協助牠們。我們除了觀察牠們的遷徙與生活習性，同時間，還得大力監控台灣各河口污染與工業排放所造成的傷害。

另外，「山老鼠」也是令人痛恨的一群。美麗的山林在不肖商人摧殘下，亦是岌岌可危。位於宜蘭的「南山神木群」，就曾遭受山老鼠集團大規模盜伐，實為台灣之恥。但是，森林那樣的大範圍，如何能防範宵小或是森林大火，著實讓人傷透腦筋。

近來，專家們利用無線監控系統，量測各種森林內的環境數值，並蒐集林相改變的相關數據，以供森林保育措施實施參考。或是透過紅外線成像系統來進行遠距且全天候的森林火災監控，一旦火災發生，就可以立即透過E-mail或簡訊等方式通知管理人員。一般森林火災若能及早發現，災害範圍與損失就會大為減少。

物聯網就像是人類感官的延伸，幫助我們把這個世界「看」得更清楚，為地球生態盡一分心力，你我都不能置身事外。

生態保育，人人有責

瀕臨絕種的中華白海豚

印地安Ka'apor族的戰士捕捉「山老鼠」

圖片來源：http://www.thedge.co/

亞馬遜雨林為了預防這些珍貴樹木遭到非法
砍伐，將在樹木上裝置晶片追蹤，希望能夠
將盜伐的行徑降至最低。這些樹木上所裝置
的晶片，將附上樹木所在的地點、大小以及
合法砍伐的人員姓名，以確保樹木來源正
常，世界各國也紛紛採用這樣的技術。

65 智慧圖書館──找書真輕鬆

「書中自有黃金屋、書中自有顏如玉」是古人名言。梁實秋先生在〈書房〉一文中也曾提過，書房是許多文人雅士必要的「個人空間」。

現在的家庭，三房兩廳的小公寓都得花上大半輩子才能供得起，更不用說家中有一整櫃圖書或是一間屬於自己的書房了。所以，除了大型書店外，傳統圖書館仍是青年學子或一般民眾的最愛。在圖書館萬卷藏書之中，可以盡情閱覽，再加上免費的冷氣，真是消磨時光的好地方。

傳統上，在圖書館借書，必須申辦一張「借書證」，透過刷條碼來進行借還書程序。但是，為了找一本自己需要的書，常常得在圖書館裡逛好幾圈才找得到，煞是費神。在物聯網的幫助下，每一本書都可以貼上RFID標籤，書架上都會佈滿感測器，只要一本書被拿起來，圖書館的電腦就會立即知曉，或是在電腦上搜尋想要的圖書，遠端書架就會自動亮起燈號，這樣找書就不會成為頭痛的事了。

這樣的概念，如同自動倉儲系統，透過RFID標籤，以及自動搬運機器人，想要什麼東西，系統會自動尋找並取來。不管是大型食品冷凍櫃、零件倉庫、百貨零售等等。這樣的系統，可以省卻不少人力成本，也具備高效率的優勢。BMW汽車公司甚至在自家蓋起了全自動的汽車塔，大樓裡一層層，停滿了各式名貴的轎車，想要哪個年份的哪個型號，敲敲鍵盤，系統會自動幫您服務，把愛車送到面前。

「選擇」是一件令人興奮的事，但選擇太多，有時反而會變成一件非常麻煩的事，導致我們必須仰賴自動化與物聯網的協助，才能隨心所欲地完成每個決定。這樣的BMW高科技汽車停車塔，是每個男人心中的夢想，一般人還真希望哪天可以有機會為了選擇今天穿哪套西裝、配戴哪只名錶，或是開哪部車而煩惱。

智慧圖書管理

松山機場智慧圖書館

圖片來源：台北市立圖書館網站

台北市立圖書館自動借還書系統

圖片來源：台北市立圖書館網站

RFID是（無線射頻辨識系統），是由感應器（Reader）和RFID標籤（Tag）所組成的系統。其運作的原理是利用感應器發射無線電波，觸動感應範圍內的RFID標籤，藉由電磁感應產生電流，供應RFID標籤上的晶片運作，並發出電磁波回應感應器。

137

66 智慧軌道運輸 —— 掌握城市的脈動

走在馬路上，低頭捧著手機尋找著餐廳所在，地圖查詢完成後，依著指示走到了公車站，搭公車轉捷運然後再接高鐵，或是接續飛機航班等等，這些資訊都可以透過手機App來查詢，從A點到B點，有哪些方式可以前往，也可以透過雲端資料庫來了解，不需要三姑六婆的討論，也不需要參考旅遊書籍。

這些便利性，現在來說是稀鬆平常的事，但缺乏完善的基礎交通建設，也是枉然。前面提過智慧公車與車隊管理，在鐵路（軌道交通）方面也有長足進步。捷運木柵線在完成之後，曾上過許多次新聞版面。坐過的人都知道，列車前面並沒有駕駛員，當有狀況出現時，好像就可能有摔下軌道的機會，其實，列車保護系統若是正常運作，當系統有設備異常，或是鐵軌上偵測到異物時，列車就會自動「暫停」，當故障排除之後，才會恢復運行。

雖說鐵道系統上的設備耐用度都相當高，甚至有「終身保固」，但電子產品總有故障的一天，難以避免，唯有透過各式的感測系統長期監控，在故障發生之前就抓到一些「徵兆」，才能避免重大危險狀況的發生。再者，每每到了跨年夜或是佳節返鄉，訂不到車票總是讓人煩惱。這時，鐵道運輸系統就得拿出所有看家本領來疏運暴增的人潮。管理人員可以依據過往的歷史紀錄以及本身的輸運能量，加以評估調整車次及間隔。

鐵路的建設，從工業革命以來，就扮演著舉足輕重的地位，它的運量大且時間可以精準掌控是其最大優勢，但在速度方面，人類卻是永遠也不滿足。為了節省移動的時間，除了飛機之外，高速鐵路甚至磁浮列車都是未來的發展方向。當列車以時速300公里以上前進時，人類眼睛與反應能力早已無法跟上，只有交給系統本身以及感測器來協助。因為人類的感知能力有限，感測器的潛力則是無限。

列車保護系統（Automatic Train Protection），車載設備透過無線網路接收來自地面控制中心的限速信息，然後經信息處理後與實際速度比較，當列車實際速度超過限速後，由制動裝置控制列車，達到列車實際速度可以小於限速值的目的，類似汽車的自動煞車系統，可確保列車不至於發生追撞事件。

67 智慧醫療——科技化「健康」工廠

　　走過SARS風暴的人，都會對這種世紀病毒感到畏懼，足不出戶、口罩隨身是當時瀰漫的氛圍；近期伊波拉病毒（Ebola Virus）在非洲的肆虐，又讓人不禁毛骨悚然。人類在面對生存上的對抗，永遠沒有停歇的一天，醫學科技也是一個永遠必要的保護傘。

　　對人們來說，醫療體系一直是一個既重要又難以深入的領域，也唯有遭受病痛時，才會想到其重要性。前面提過的穿戴式裝置，亦大量運用於醫療體系。筆者的妻子現為物理治療師，其曾於就讀研究所期間，針對病人的活動量及老人的跌倒預防進行研究。每每筆者都成為最佳「白老鼠」不二人選，在研究中，身上得黏貼許多感測器，以偵測肌肉的移動量。當走路與跑步時，肌肉的運作失衡或是移動量異常提升，就有可能即將跌倒或是出現運動傷害。

　　這樣的感測器，透過無線網路傳遞到資料蒐集器，儲存於資料庫中，協助醫療人員進行研究。當然，將其設計在穿戴式裝置或是智能衣物上，就能達到早期預防與傷害避免的功能，甚至與人類健康相關的電器都能夠加以結合，連常見的牙刷、體重計、體脂計等，都可以透過物聯網的連結，來幫您記錄並分析自己的身體狀況。此外，在Big Data長期的資料蒐集後，可以幫助我們了解許多疾病的成因，進而找出解決的對策。透過許多迷你型的機器人或是感測技術，也可以協助進行精密與細微的手術工作。

　　近年來，自動化設備的創新也導入醫療體系中，在醫院會看到醫生與護士開始拿著平板電腦與手持式裝置記錄病患的狀況，包括看牙齒、照X光、超音波等等數據。此外，醫療器材上，大大小小的螢幕以及機械手臂，配合三軸的工作平台移動，讓醫院彷彿變成另類「智慧工廠」，為人們努力「打造健康」。

第四章 工業用物聯網

先進的醫療器材

先進且人性化的醫療器材

圖片來源：唯淘網

核磁共振器材

圖片來源：SIEMENS/nipic

智慧醫療是物聯網的一大應用區塊，透過電子病例，病例與診治案例資料庫的幫助，可以讓醫生們對病患的治療方式有更精準的判斷。透過世界各國的醫療合作以及檢疫機制，更可以有效防範大規模傳染疫情的蔓延。

智慧E政府 —— 效率的展現

國父說:「政,是衆人的事;治,是管理」,管理衆人的事叫做「政治」,管理衆人的組織叫「政府」。政府無能就會造成不安或不均的社會,政府太有效能,會造成人民壓力大,生活緊張。

「智慧E政府」的推行在台灣行之有年,在電腦網路的加值下,節省人們許多寶貴的時間,在公務員的人力需求上也較精簡。現在的區公所或市政府裡,已不見排隊的人龍,取而代之的是,一整排的電腦與先進的電子叫號系統。拿張號碼牌,一邊等待叫號,還可以看看報紙喝杯茶,偷得浮生半日閒,煞是美好。E政府的建立,是效率的表彰,是先進國家的象徵,更是人民幸福指數的一部分。

「春有百花秋有月,夏有涼風冬有雪,若無閒事掛心頭,便是人間好時節」,只要不要一堆「閒事」掛心頭,每天都可以開開心心。婆婆媽媽每個月都在頭痛的水費、電費、瓦斯費、網路第四台、社區管理費,或是每年的保費及五月「萬萬稅」等等,E政府已經將過往許多浪費時間的公文往來或是繁瑣的申請步驟加以簡化,動動手指頭連上網路填資料,「無紙化」愛地球又樂得輕鬆。

政府單位比起過往多了科技味,也增添一份親切。在這些機關單位裡,還是有許多服務人員在旁協助,避免老人家不懂如何使用電腦,在可預期的未來,應該會有更多的服務可以在線上搞定,屆時每個政府單位都可以變成民衆泡茶嗑瓜子的好地方。

「人聯網」讓工作效率提升,「物聯網」則讓很多單位輕鬆許多,利用大量感測器與密布的網路系統,協助處理一些過去曠日廢時的工作,譬如林務局人員可以少爬幾次山,海測局人員可以少出幾次海,監理所可以「日理萬車」等等。

或許哪一天公務員都會失業,政府機關也都拆除,因為物聯網的發展,可能會讓實體服務全部走入虛擬世界。

電子化的政府

E政府網站

圖片來源：www.gov.tw

電子叫號系統與便民服務

圖片來源：嘉義市監理站

E政府（www.gov.tw）在許多日常生活項目上都已提供線上服務，像是求職、生育、醫療、購屋、創業等等，相當便利，有興趣的民眾可多加利用。

智慧E政府——效率的展現

143

69 智慧尖端國防 ——
知己知彼、百戰百勝

　　國防是政府組織裡較為特殊的一環。基本上是擔當保家衛國的重任、抵禦外侮、宣示主權等等，或是當國家動亂時，維持社會秩序，這是你我腦海中浮現的既有印象。

　　一般老百姓在國防方面總是陌生，殊不知國防科技可是集所有最新科技之大成，更是物聯網的精華所在。戰鬥機飛行員擁有的「頭盔瞄準射控系統」，讓飛行員「看到哪，打到哪」，瞄都不用瞄，就可以狠狠的射擊敵人；「射後不理」的視距外飛彈配合著雷達導引，可以精準地飛向遠處敵人，決戰於千里之外，戰機本身則可以立即「落跑」，避免遭到敵人的砲火攻擊。一般5,000噸級的軍艦，也只要一百多人即可操作，這些都歸功於物聯網及自動化系統的加值應用。

　　「視距外作戰」的概念，就是「看不到你，但一樣打得到你」。各國比拚的不但是武器的精良與否，甚至比拚「眼力」，從地面的雷達站到空中預警機，甚至到外太空，均有軍用或是偵察衛星等等，透過無線電波與衛星通信，將資訊彼此傳遞，以利前線作戰參考。物聯網可以透過不同的通訊技術，讓士兵的個人化戰鬥配備、後勤調度、敵情偵蒐、敵我識別與聯盟作戰、指管通情（C4ISR）系統無縫連結。聽起來相當複雜，簡單的說，就是「靠物聯網來打仗」。

　　《孫子兵法》裡有云：「知己知彼，百戰不殆；不知彼而知己，一勝一負；不知彼不知己，每戰必殆。」說明了情資與通訊的重要性。戰爭的勝負，往往在幾個訊息傳遞間，就可以分出了。兒歌裡「哥哥爸爸真偉大，名譽照我家，為國去打仗，當兵笑哈哈……」的場景，未來將不復存在。軍人們坐在家裡，就可以遙控各式戰機、飛彈來進行保衛國家的任務，搞不好，愛打電動的小朋友們，也會變成民族英雄也說不定。

　　「資訊戰爭」是二十世紀以來最大的戰爭型態改變。透過戰爭情資的蒐集，指揮管制部隊的作戰與行進，是傳統戰爭中的一大利器。但未來將改變為機械的戰爭，戰場上人類不用再白刀子進、紅刀子出，只要操作電腦、敲敲按鈕，一場戰爭就在「戰略」與「戰術」的思維中勝負立判。

70 智慧城市——龐貝的悲歌

人類是群居的動物，有人的地方就有安全感。因為人類如同螞蟻般的性格，也成就了許許多多偉大的城市。當所有物聯網智慧結晶都實行在未來的城市之中，就有了所謂智慧城市的出現。

城市化與人口集中所帶來的問題，就是資源的枯竭與災害的防範，龐貝古城的消失、吳哥輝煌的殞落，甚至是神祕的亞特蘭提斯，都是水源缺乏或天然災難下的犧牲品。在現代化的城市裡，針對水資源、電力、污染防治、治安、交通、防災等等重大議題，目前的政策都是一種緣木求魚的短視做法罷了。

日本311海嘯或是印尼大海嘯發生後，沿海城市瞬間被沖毀，大量傷亡與經濟損失，都是在設計這些海堤或是城市建築時所無法估計的。氣候變遷所造成的森林大火、海水暖化或是降雨不足等，都是大自然對人類的考驗。智慧城市其所著重的目標，就是透過物聯網的技術，達到「預防」與「危機處理」的目的，盡可能減少損失與傷害的產生。

除了裝置在城市裡的環境資訊蒐集系統（Environmental Monitoring）之外，在能源儲備、災害管制與救助等等，都需仰賴物聯網的幫助，達到及早預防的效果。當災害發生時，可以讓儲備的能源，優先供電給避難設施、暖氣系統或是最重要的通訊指揮系統等等。

此外，擁擠的城市，在水資源及食物來源問題上，從古自今，都無法徹底解決，這也造成許多偉大城市的興起與衰落。透過科技的加持，讓農林漁牧增加產量或是永續經營，水資源可以有效儲存利用或是回收處理，電力系統能夠擁有備載能量或儲存，防災系統的建置也必須考量氣候的變遷及使用年限。

甚至，城市天際線也正在改變中，一棟10層的大樓對比100層的大樓，其所使用的管理經營或是逃難救災的方法一定相異。在人口密度不斷提升的城市中，不但要擔心瓦斯氣爆，還要擔心駕著飛機的恐怖份子，亦即除了天災威脅之外，還有更多人類造成的禍因，破壞著我們的生存空間。

智慧城市的概念，就是運用資訊科技，讓我們的都市生活更聰明、更節能，也能兼顧環保與永續生存。世界上宜居的城市中，大多不是最發達的首都大城，而是各項數值與生活條件能夠均衡的城市。

71 智慧星球 —— 等待你我發掘

看過《星艦迷航記》的人，應該多少會對浩瀚的宇宙充滿著好奇。IBM公司近年來在物聯網的推展下，也提出它們的口號 ——「智慧地球」，當物聯網發展到極致時，所有一草一木，眼睛所及的東西，都會在物聯網的掌控中。大自然的祕密，將被人類一一解開，所有的資訊，都可以蒐集在大數據庫裡，等待著分析與解密。

自然而然，整個地球就成為一個完整的個體，我們需要探索的對象，可能就只剩下地外文明了。51區到底有沒有外星人，或是外星人的科技到底厲害到什麼程度，沒人知道。在整個地球都是我的「物聯網」概念下，無論生活小事或是國家社稷的大事，都可以透過Big Data的資訊蒐集且發展神速，想知道月球上有沒有嫦娥，派艘太空船飛過去，再拿著高倍率攝影機找找便是。

在未來，地球所遇到的挑戰，可能是來自於一種對未知領域的害怕與渴望，害怕疾病或病毒的入侵、害怕小行星的墜落，或是殖民外星的渴望等等，聽來像是科幻小說情節，但其實距離你我並不遙遠。物聯網不僅可用於地球上的一切，未來更可擴及星球之間，協助研究人員進行太空研究與科學發展等等。在外太空的「哈博望遠鏡」與國際太空站、火星上的好奇號探測車，甚至是未來的「太空旅行」，都是仰賴著物聯網技術的發展與進步而來。

除了往地球外發展，地球本身的奧祕，人類所知尚且有限。占了地球70%的海洋，又被稱為「內太空」，每每都能發現讓人驚奇的物種，某些大湖泊也還流傳著「水怪」的祕密、洋流與大氣的活動、地殼變化與火山地震，或是神祕的馬里亞納海溝與喜馬拉雅山等等，都等待著人們來解開一個個的謎團。

物聯網的時代，人類能力的提升也再度引燃了「求知」的烈火，智慧星球的一切，等待著你我發掘。

智慧城市，智慧星球

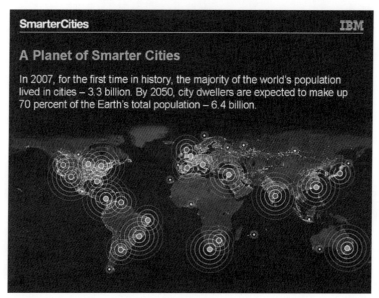

智慧星球

圖片來源：IBM

　　無線電技術（Radio）是一種發展已久的成熟通訊技術，無論是用在車輛管理、航運或是外星探測，都有相當成就。在探索地外文明的貢獻上，也扮演舉足輕重的地位。

智慧星球

智慧星球這個概念來自於IT大廠IBM，IBM在十幾年前放棄硬體製造，轉型經營資訊服務，去年，IBM已有82%的營收來自軟體及服務。

帕米沙諾六年前接任IBM執行長後，花了五百億美元進行併購和研發，但很多人摸不清IBM下一步到底要端出什麼樣的「服務」。「是到了展現成果的時候了，」帕米沙諾日前表示。所謂的成果，就是IBM過去半年大力推動的「智慧星球」策略。

在最近IBM的一則廣告中，主角皺著眉頭說道：「美國人因塞車所浪費的時間，每年高達四十二億小時，浪費的汽油，可以裝滿五十八艘超級油輪。」

英國塞車所造成的經濟損失，每年也高達兩百億英鎊。如果可以減少塞車，不僅可節省時間、減少石油消耗和空氣污染，更能讓整個城市運作更有效率。

解決類似塞車的問題，就是「智慧星球」策略的核心。帕米沙諾指出，全球化的世界，是一個彼此緊密連結的世界，從交通運輸、供應鏈到醫療保健等各種服務業，之所以會產生各種問題，都是因為在連接的環節上做得不好。

因此，IBM未來的目標，就是要透過資訊科技，協助城市、政府、港口、機場、火車、超級市場、學校、醫院等等，將每一個作業環節扣得更緊，效能大幅提高，地球因此變得更「聰明」。

「我們一直在努力加強自己改善世界的能力，」帕米沙諾表示，目前IBM每年六十億美元的研發經費中，大部分都投入開發「解決問題的科技」。

瑞典首都斯德哥爾摩塞車問題獲得解決，便是IBM「智慧星球」最具代表性的案例。具體的做法是，以監視器辨認車牌，根據道路壅塞的狀況，向進入市中心的車輛收費，以減少尖峰時間車流量，解決惱人的塞車問題。承包這項計劃的IBM只有半年時間進行系統測試，提升監視器辨認準確度到接近百分之百，讓居民適應新系統，最後由公投決定是否實施。

系統完成後，斯德哥爾摩市中心車流量在很短時間內減少了三十五%，二氧化碳排放減少十四%，大眾運輸乘客每天增加四萬人，也大幅減少了進出城市所需時間，效果超出預期，因此最後居民公投決定接受此塞車費政策。

（資料來源：IBM）

第五章
物聯網的未來

畫 說 I o T 物 聯 網

72 智慧台灣——物聯網的發展

台灣一直以IT王國自居，想要什麼樣的電子與網通產品，在台灣買就是賺到，而且物美價廉。在這樣的環境背景下，相當適合物聯網的發展。

現今在物聯網的產業體系，也可透過OSI 7層的概念來劃分，其中包括實體層（物件感知層），各種帶有感測功能的終端裝置、網路層（通訊網路、訊息中心、資料庫處理、雲端管理中心等）、以及應用層（農業、工業安全、防災系統、遠距醫療、智慧家居、智慧建築、智慧交通、環境監控、文化創意等應用產業），若能結合半導體、面板及工業自動化產業專業（Knowhow），台灣在物聯網的發展必定可以超越世界各國。

可見的未來，透過物聯網的發展，將會帶來龐大商機並促進國家經濟成長，舉凡歐洲、美國、日本、大陸與南韓等國，都在此領域上有所著墨，並積極投資。近年來，台灣陸續投入物聯網相關技術發展計畫與產學研能量。包括政府的M-Taiwan、i-Taiwan、u-Taiwan計畫、網路通訊國家型計畫等；學界有台大的智慧生活科技創新與整合中心、成大的人本智慧生活科技整合中心等；業界亦投入相當大的研發能量，發展包括RFID、無線感測、MEMS、IC設計、網通設備、3G/4G與WiMAX/LTD的服務等。

再加上結合政府近年主導的六大新興產業（醫療照護、綠色能源、精緻農業、文化創意、觀光旅遊、生物科技），以及四大智慧產業（雲端運算、智慧電動車、智慧綠建築、發明專利產業），對於我國發展物聯網產業皆非常有利。

台灣發展物聯網的優勢，就在於我國已具備良好的通訊基礎及IT產業鏈、民間終端設備廠商製造能力與應變彈性，且於物聯網的應用已小具規模。然則弱點卻在於國際標準尚未確定，而我國無法自訂標準，加上國內各級部門資源尚未整合，所以尚須時間來推展。不過，以台灣人的「番薯」精神加上良好的基礎，我國的發展將精彩可期。

（資料來源：台灣經濟研究院）

物聯網將進入你我生活之中

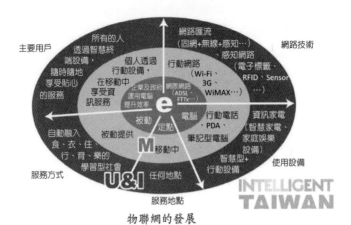

物聯網的發展

圖片來源：智慧台灣中文網

物聯網概念股一覽

物聯網三大層次		應用內容	概念股
最一層	M2M網路基礎建設	嵌入式網路	亞信、聯傑、瑞昱
最二層	終端物件互聯架構	終端及終端／局端的互聯	ASIC：智原、創意 藍牙：創傑、笙科 MCU：盛群、F-矽力
最三層	整合型系統架構	以服務為主的生態系統	華碩、宏碁、宏達電、聯發科等

張忠謀
圖／資料照片

資料來源：業者提供及法人預估　　　　　　製表：涂志豪

物聯網發展快速

圖片來源：PChome

> 台灣著眼於過往在IT/ICT的成熟技術，在物聯網的發展上，可說是相當有利，像是電腦與通訊產品，或是相關晶片的研發與代工等。未來這數千億個裝置所帶來的商機，將會相當可觀。

73 做大、做複雜

曾聽聞公司長官一句勉勵的話語：「一個生意要賺錢，就是把它做大、做複雜。」這番見解相當發人省思，台灣物聯網的發展，在良好的基礎下，該如何做大且做複雜，這就有賴於基礎工業的再進化與深耕。

台灣傳統上在ICT產業相當強勢，基礎工業如煉鋼石化等，亦有一定實力，但在物聯網的發展上，俗稱「軟實力」的自動化技術力卻稍嫌不足。在歐美日等國，如奇異（GE）、亞斯通（Astom）、西門子（SIEMENS）、日立（Hitachi）等大型系統整合或自動化公司，在台灣卻付之闕如。物聯網對這些企業來說，是再熟悉不過的領域，舉凡工廠自動化、樓宇自動化、鐵道信號控制系統、電力監控等等，都是許許多多感測器結合網路應用而來。

當一個新的工廠開始興建後，隨後要接上的就是廠內相關自動化設備與生產線，或是相關的廠務系統來減低人力需求。台灣過往較多人力密集的工業，現今均已出走到大陸或東南亞國家，但在國內的新建廠以及生產機具，還是大量仰賴國外輸入，自主的設備商與系統整合商規模也都不大。其所造成的就是技術控制在外國廠商手中，無法獨立自主，小自冰箱的壓縮機，大到飛機引擎或是發電機組等等，台灣尚不具備自主生產能力，在相關自動化控制設備上，也還是使用國外廠牌居多，本土廠商在這方面相對弱勢，還需要政府大力支持才行。

此外，像是國防工業、電力、交通、造船、機械產業等，如果能夠引進技術，培植台灣本土廠商，相信台灣製造的品質絕對不會輸給國外，像拉法葉艦雖然船台是法國製造，但船上的系統整合與網路系統，卻是國人的心血結晶。由此可知，外國的月亮不一定圓，台灣人只要能夠團結起來，群策群力下，一定會有不錯的表現。

物聯網與自動化密不可分

自動化商機是下一波的藍海

圖片來源：Internet

做大、做複雜

> 康定級匿蹤巡防艦原為法國的拉法葉級巡防艦，
> 屬於中華民國海軍的一級艦艇。其上的戰鬥系
> 統，就是由國內中科院來完成系統整合，透過工
> 業物聯網、大量感測器與自動化武器系統，僅需
> 約150人即可運作，堪稱高科技的結晶。

74 國際參與，增廣見聞

　　台灣雖已在物聯網上有所著墨，但仍有許多進步的空間。自己在家裡閉門造車，終將與國際脫軌。在適合的領域參與國際專案，會是一個不錯的選擇。

　　在環境保護方面，可參與全球氣象與環境追蹤、洋流與水文研究，或是天然災害防治等組織；在智慧電網的發展上，參與國際標準制定，如變電站自動化或是智慧電錶（Smart Meter）研究等；在交通建設上，參與ITS智慧型交通協會或鐵道交通（Railway）標準與安全協會等。透過參與國際化組織，吸收最新的國際發展資訊，著實重要。

　　另外，許多同類型的廠商，也可以成立組織來將行銷成效加以極大化，像是研華公司所推動的「WebAccess Plus」聯盟，就是將許多系統整合商與雲端服務廠商集結，期能發揮綜效來加速物聯網的發展。另外，由資策會及工研院等發起的「台灣物聯網聯盟」（TIoTA），亦如火如荼的展開。同時在許多重要的成果展示活動與展場上，一般民眾們也能輕鬆感受到物聯網的樂趣。

　　轉換個角度，看看對岸的發展，中國推動的「中國物聯網應用與推進聯盟」，已召開多次國際物聯網大會，其下轄許多成員企業及政府單位，亦致力於智能物流、智能交通、智能通訊、智能電網、智能城市、智能農業、智能教育、智能醫療、智能安保、智能社區、智能家庭等諸多領域的服務與產品項目。

　　美國IBM公司推行的「智慧地球」概念，讓原本已經在業界盛行的M2M（Machine To Machine）技術，包裝上美美的糖衣，成了閃亮巨星。當然，網路業的龍頭思科（Cisco）也不甘示弱，集合了AT&T、思科、奇異電氣、IBM和英特爾等大廠，組建「工業網際網路聯盟」，其目的是為了打破科技孤立壁壘，促進實體世界和數位世界的結合，以有效存取巨量資料進行相關應用，讓工業領域的商業價值能夠找到出路。

　　除了賺錢之外，只有相互合作，才能為人類創造更多的幸福。

各式的組織與規劃

思科公司的物聯網藍圖

圖片來源：Cisco

參與國際性會議是很重要的

圖片來源：Internet

台灣物聯網聯盟（TIoTA）主旨在於推廣物聯網相關技術之發展，更與不同領域之產業共同研發，在國內推展物聯網技術，更要將台灣研發技術能力推向國際化（http://www.tiota.org.tw/）。

國際參與，增廣見聞

157

75 以人為本，以古為鑑

　　科技的發展，總是離不開人性。物聯網的發展，讓人們的生活更加便利，但同時也讓人們失去了一些基本的能力。比起遠古時候的人類，現代人類抵抗大自然的能力逐漸退化，且再也跑不快、跳不高了（感謝奧林匹克運動會的發起人，讓人類仍保有自我提升的衝勁）。

　　遠古距離我們太遠，但說到這一個世紀的變化，在那個不方便的年代，人們什麼事都得自己來，生火煮飯、下田耕作、病了得找草藥、睏了找樹靠。到了現在，不僅許多生活瑣事都有機器代勞，甚至「茶來伸手、飯來張口」這句罵人懶惰的話，到了現代，卻是部分人們真實生活的場景。

　　「物聯網」是一個新的想法、新的概念，足以讓人們的生活更進一步接近「理想」狀態，但理想與現實，人類終究還是得有所取捨，歸園田居也未嘗不是一個美好的人生。

　　這些都端視您怎麼看待「人類的發展」與「生命的意義」，說起來很玄，探討起來也是沒完沒了，但人類求知與創新的意念卻是永遠也停止不了，只能去了解它、接受它，而不能排斥它。

　　最近，一些實境模擬與仿古技術被應用在國寶與歷史真相的還原上，讓博物館裡的國寶們透過電子化的處理，呈現在更多人的面前，或是探究一些千古謎團、外星人存在的證據等，總是讓人驚呼連連。或許，「干將莫邪劍」並不是地球的科技、萬里長城是波斯人設計的、「龍」真的曾經存在過。不要覺得不可能，在Big Data的分析之下，搞不好人類的起源是來自於阿米巴原蟲也說不定。

　　「以人為本，以古為鑑」，許多的樂趣也會由此而生。「朕知道了」、「夫人吉祥」的話語一出，在數十年前可能會嚇跑一群人，但到了現在，在宮廷劇的盛行下，大家反而可以琅琅上口；武林江湖、峨嵋武當的武俠小說，大家還是一卷在手，欲罷不能，這些似乎都比起用手機來開電視、開門鎖、關窗簾、量血壓脂肪還要有趣多了。

綠葉，就該迎向陽光

科技始終來自於人性，回歸自然未嘗不可！
圖片來源：隨意窩〈高架植〉種菜達人

透過大數據庫的技術，讓電腦代替人腦，加速資料的運算及推演，是一個未來要努力的方向，電影《露西》裡提到，在人腦開發到一定程度之後，便能了解萬物的起源，但「莫爾定律」終將快過人腦開發，人類只要善用它就可以了。

以人為本，以古為鑑

159

後　記

　　「物聯網」是一個潮物，筆者在撰寫此書時，竟有種在寫科幻小說的感覺，這種感覺很奇妙，說不上來。想到當物聯網進化到極致，其實也等於人類的生活到了一個頂點。但回過頭看看，這個世界依然戰亂頻仍，天災地震依然重創各個國家，飢荒與疾病依然在我們的周遭。是否，人類已經成熟到可以自稱萬物之靈？或者，依然只是外星人在地球上的次級實驗品，沒人知道。

　　蔣公曾說：「生命的意義在創造宇宙繼起之生命」，生活在美好世界的我們，到底為我們下一代做了什麼？或是在我們自己這一代盡了哪些心力？或者只是渾渾噩噩的過日子，只求享樂與幸福。近來，看到慈善團體的一些「新發明」，像是太陽能煮飯車，或是簡易版的過濾飲水裝置，都讓筆者讚嘆不已。

　　在我們過好日子的同時，也應該想想如何為周遭人們做點什麼。在這陌生城市的角落裡，有著許多人正在喘息與哭泣著，您是否曾聽見過？物聯網的理念在提供人們舒適的生活，頂端的顧到了，那下層部分呢？還要再想想，再想想，再想想，再想想……！！

參考文獻

1. 全球物聯網技術與智慧產業發展趨勢，資策會，王可言博士。

2. 物聯網與無線城市，ARUBA Network，昊方。

3. 物聯網時代打造智慧城市，IISI資拓宏宇國際股份有限公司。

4. 打造物聯網，生活更智慧，IBM。

5. 開放式物聯網架構下的智慧綠建築設計樣開放式，陳嘉懿。

6. The Internet of Things: A survey, Computer Networks 54 (2010) 2787–2805.

7. 由矽谷明星創業公司為你解答物聯網的四大疑問，數位時代網站，PingWest。

8. 物聯網發展趨勢，國立清華大學，黃富能。

9. 物聯網與國際標準組織發展動向，GS1 Taiwa，呂惠娟。

10. Risks and Rewards of the Internet of Things. ISACA's 2013 IT Risk/Reward Barometer.

11. the internet of things。Daniel Castro & Jordan Misra.

12. Prototyping Connected Devices for the Internet of Things. Steve Hodges, Stuart Taylor, Nicolas Villar, and James Scott, Microsoft Research Cambridge, UK Dominik Bial, University of Duisburg-Essen, Germany Patrick Tobias Fischer, University of Strathclyde, Glasgow, UK.

13. 物聯網之全面感知與行動寬頻，淡江大學資訊工程系，張志勇教授。

14. 政府e化服務與智慧建築之結合，資策會，何寶中。

15. The Internet of Things: The Future of Consumer Adoption. ACQUITY GROUP'S 2014 INTERNET OF THINGS STUDY.

16. 物聯網時代來臨，貿易，trading magazine，劉家瑜。

17. Bosch Software Innovations, The Internet of Things. BOSCH.

18. Overcoming Challenges of Connecting Intelligent Nodes to the Internet of Things. Silicon Laboratories, Inc.

19. 《輕鬆讀懂物聯網：技術、應用、標準和商業模式》。博碩文化股份有限公司，周洪波、李吉生、趙曉波，ISBN: 9789862014066, Dec. 2010。

20. 《第三波資訊潮：物聯網啓動智慧感測商機》。拓墣科技公司拓墣產業研究所，ISBN: 9789866626548, May 2010。

21. Internet of things – Converging Technologies for Smart Environment and Integrated Ecosystems. Ovidiu Vermesan, Peter Friess.

22. Development solutions for the Internet of Things. Intel.

23. The Internet of Things Business Index, A quiet Revolution Gathers pace. AMR.

24. Technologies and Architectures of the Internet-of-Things (IoT) for Health and Well-being. Royal Institute Of Technology, Zhibo Pang.

25. 物聯網與圖書館。世新大學，余顯強。

26. Intel® Gateway Solutions for the Internet of Things. Intel.

27. From the Internet of Computers to the Internet of Things. Friedemann Mattern and Christian Floerkemeier, Distributed Systems Group, Institute for Pervasive Computing, ETH Zurich.

28. Internet of Things (IoT): A vision, architectural elements, and future directions. Future Generation Computer Systems 29 (2013) 1645～1660.

29. What the Internet of Things (IoT) Needs to Become a Reality. Freescale&ARM.

30. 結合物聯網及雲端運算之新一代智慧建築發展，縱橫資通能源股份有限公司，呂明光。

31. 歐盟物聯網研究戰略路線圖，CERP-IoT (IERC) 15 September，2009。

32. The Internet of Things How the Next Evolution of the Internet Is Changing Everything. Cisco, Dave Evans.

33. The Internet of Things: Manage the Complexity, Seize the Opportunity. Oracle.

34. The Internet of Things: Making sense of the next mega-trend. Goldman Sachs.

35. 物聯網之電器感知活動識別方法於雲端能源管理平台，陳瑋哲 1、林偉益 1、賴槿峰 2、黃悅民 1、鄭鈺霖 3（1：國立成功大學工程科學系，2：國立中正大學資訊工程系，3：財團法人資訊工業策進會雲端系統軟體研究所）。

36. 以物聯網促進生活便利性—以智慧型冰箱為例，石貴平、李俊志、洪可珈、李竑豫、陳功傑、陳耀峰，淡江大學資訊工程學系。

37. Technology Report – The Internet of Things: M&A International Inc.

38. The Internet of Things. MIT Technology Review, Business Report.

39. The Internet of Things. Rob Van KRANENBURG.

40. The Internet of Things, How a world of Smart, connected production is transforming manufactory. PTC.

41. Sensing the future of the internet of things. Digital IQ Snapshut.

42. The Evolution of the Internet of Things. Jim Chase, TI.

43. Internet of Things: Evolving transactions into relationships. Fred Cripe.

44. 智慧聯網產業技術發展布局，林全能副處長，經濟部技術處。

45. 以OpenStack建立可擴充式物聯網系統雲端平台，蘇俊憲、陳昌盛，國立交通大學資訊技術服務中心。

46. 智慧聯網國際市場，各國政策與商務模式分析，馮明惠，資策會智慧網通系統所。

47. 物聯網大趨勢，拓樸產業研究所，楊勝帆。

48. 色供應鏈智慧物聯網，杜孟儒，工研院辨識與安全科技中心創新運籌應用組。

49. 物聯網技術架構，GS1 Taiwan服務處，胡榮勝編譯。

50. 物聯網智慧生產技術，彭永興，創研所。

RE18
數字人：斐波那契的兔子
The Man of Numbers:
Fibonacci's Arithmetic
Revolution

齊斯・德福林 著
洪萬生 譯

斐波那契是誰?他是如何發現大自然界的秘密──黃金分割比例,導致從股票投資到美容整型都要追求黃金比例?他又是怎麼將阿拉伯數字帶入我們的金融貿易?當你打開本書,你會發現,你不知道斐波那契是誰,可是你卻早已身陷其中並離不開他了!

RE03
溫柔數學史：從古埃及到超級電腦
Math through the Ages: A
Gentle History for
Teachers and Others

比爾・柏林霍夫、佛南度・辜維亞 著
洪萬生、英家銘暨HPM團隊 譯

數學從何而來?誰想出那些代數符號的?π背後的故事是什麼?負數呢?公制單位呢?二次方程式呢?三角函數呢?本書有25篇獨立精采的素描,用輕鬆易懂的文筆,向教師、學生與任何對數學概念發展有興趣的人們回答這些問題。

RE09
爺爺的證明題：上帝存在嗎?
A Certain Ambiguity：A
Mathematical Novel

高瑞夫、哈托許 著
洪萬生、洪贊天、林倉億譯

小小的計算機開啟了我的數學之門
爺爺猝逝讓數學變成塵封的回憶
一門數學課意外點亮了諸爺不能說的秘密
也改變了我的人生………
本書透過故事探討人類知識的範圍極限,書中的數學思想嚴謹迷人,內容極具動人與啟發性。

RE06
雙面好萊塢：科學科幻大不同

薛尼・波寇維茲 著
李明芝 譯

事實將從幻想中被釋放……
科幻電影是如何表達出我們對於科技何去何從的最深層希望與恐懼……
科學家到底是怪咖、英雄還是惡魔?

RE05
離家億萬里：太空中的生與死

克里斯瓊斯 著
鄒香潔、黃慧真 譯

一段不可思議的真實冒險之旅,發生在最危險的疆界──外太空

三名太空人,在歷經種種困難後飛上太空,展開十四週的國際太空站維修工作。卻因一場突如其來的意外,導致他們成為了無家可歸的太空孤兒,究竟他們何時才能返家呢?

RE08
時間的故事
Bones, Rocks, & Stars：The
Science of When Things
Happened

克里斯・特尼 著
王惟芬 譯

什麼是杜林屍衣?何時建造出金字塔的?人類家族的分支在哪裡?為何恐龍會消失滅絕?地球的形貌如何塑造出來?克里斯・特尼認為這些問題的關鍵都在於時間。他慎重地表示我們對過去的定位或對於放眼現在與規劃未來都至關重要。

RE11
廁所之書
The Big Necessity: The
Unmentionable World of
Human Waste and Why It
Matters

蘿絲・喬治 著
柯乃瑜 譯

本書將大膽闖進「廁所」這個被人忽略的禁區。作者帶領我們參觀了巴黎、倫敦和紐約等都市的地下排污管道,也到了印度、非洲和中國等發展中國家見識其廁所發展,更深入探究日本免治馬桶的開發歷程,讓我跟著我們進行一趟深度廁所之旅。

RE12
跟大象說話的人：大象與我的非洲原野生活
The Elephant Whisperer -
My Life with the Herd in the
African Wild

勞倫斯・安東尼、格雷厄姆・史皮斯 著
黃乙玉 譯

本書是安東尼與巨大又有同理心的大象相處時,溫暖、感人、興奮、有趣或有時悲傷的經驗。以非洲原野為背景,刻畫出令人難忘的人物與野生動物,交織成一本令人喜悅的作品,吸引所有喜歡動物與熱愛冒險的靈魂。

畫說科學系列

人常說「有圖就有真相！」，理論方法聽得再多，還不如直接將其攤在眼前，更容易讓人理解且印象深刻，而這正是《畫說科學》本系列書籍的目標。本系列用一頁插圖搭配一頁文字的方式，清楚說明許多在我們生活中隨時需要用到的生活工具，步驟分明、解析精闢，專為社會新鮮人與普羅大眾編寫，讓您化文字成圖像，輕鬆掌握！

畫說Smart Grid智慧電網　郭策 著　書號 3DF1

建核？反核？不要再吵了！智慧電網時代已來臨。除了核能之外，想要乾淨方便的能源或許還有另外一個選擇——智慧電網（Smart Grid），到底什麼是Smart Grid呢？多了個「Smart」真的變的比較聰明了嗎？它跟我們的日常生活又有什麼關係呢？本書就是針對目前的智慧電網發展趨勢做深入探討，並以圖畫搭配文字來解釋智慧電網，從智慧電網出發檢視地球的資源系統，再用以分析過去及未來的地球能源發展趨勢，讓您一次掌握完整的智慧電網資訊。

出版日期　2013/05
I S B N　978-986-121-827-4
頁　　數　176
定　　價　280

畫說Evernote數位記事本

潘奕萍 著　書號 3DD5

Evernote是一個廣受好評、使用人數眾多的軟體，其特色在於跨平台，無論透過電腦、瀏覽器或是手機都能夠讀寫，同時能夠接受的資料類型廣泛，不只是一般文件及語音、影片資料，它甚至能夠儲存應用程式，甚至提供了離線作業的功能。本書說明Evernote的一般用途，亦介紹許多能與之搭配的各項軟體及雲端服務，可提升工作表現。對於上班族、SOHO族、研究者、學生或是旅遊愛好者等族群都能獲得許多便利和益處。

出版日期　2014/07
I S B N　978-986-121-923-3
頁　　數　176
定　　價　280

圖說電子書&數位閱讀　潘奕萍 著　書號 3DD7

　　電子書可以結合多媒體和通訊技術，以更多元的方式傳遞活潑的內容，因此必須先了解電子書未來趨勢，如電子書格式之爭、各項使用者統計數據、市場規模和走勢。然而，電子書並不只是被數位化的紙本書，它結合了多媒體和通訊技術，以更多元的方式傳遞活潑的內容。本書將焦點集中在電子書及其衍生出來的各種機會和挑戰。除了基本知識，也分別以出版鏈的上、中、下游，及身為讀者、作者等角度討論如何掌握這波趨勢，並且從中獲益。

出版日期　2011/11　　　　　　　　頁　　數　176
I S B N 978-986-121-717-8　　　　定　　價　280

畫說真空技術 (よくわかる真空技術)

日本　業出版社 著　鄭鴻斌等 譯　書號 3DE5

　　台灣由於電子產業的蓬勃發展，帶動了真空技術的高度成長。目前真空技術廣泛應用於各行各業中，已成為各項工業的基礎技術。本書除了深入淺出介紹真空技術的基本原理與基礎之外，更廣泛的介紹了各式真空技術的應用，可以幫助對真空技術有興趣的人迅速的了解真空技術的基礎與應用，相當適合各行各業對真空技術有興趣或是現在正在使用真空技術的人員來閱讀。

出版日期　2012/06　　　　　　　　頁　　數　176
I S B N 978-986-121-762-8　　　　定　　價　280

畫說IoT物聯網／郭策著. --初版. --臺北市：書泉，2015.09

　　面；　公分

ISBN 978-986-451-022-1（平裝）

1.資訊服務業　2.產業發展　3.技術發展

484.6　　　　　　　　　　　　　　　　104014637

ILLUSTRATED SCIENCE & TECHNOLOGY⑦

畫說科學系列⑦
畫說IoT物聯網

作　　者— 郭　策
插　　畫— 張燈睿
發 行 人— 楊榮川
總 編 輯— 王翠華
主　　編— 王者香
責任編輯— 石曉蓉
封面設計— 郭佳慈
出 版 者— 書泉出版社
地　　址：106台北市大安區和平東路二段339號4樓
電　　話：(02)2705-5066　傳　　真：(02)2706-6100
網　　址：http://www.wunan.com.tw
電子郵件：shuchuan@shuchuan.com.tw
劃撥帳號：01303853
戶　　名：書泉出版社
總 經 銷：朝日文化事業有限公司
電　　話：(02)2249-7714
地　　址：新北市中和區橋安街15巷1號7樓
法律顧問　林勝安律師事務所　林勝安律師
出版日期　2015年9月初版一刷
　　　　　2017年1月初版二刷